JN082512

不思議で怪しい

# きのこの
# はなし

ホクトきのこ総合研究所🍄監修

清水書院

不思議で怪しい

# きのこのはなし

ホクトきのこ総合研究所🍄監修

清水書院

# はじめに

　「きのこ」は倒木に生えることが多く、「木の子」と呼ばれたのが語源と言われています。スーパーや八百屋などの店頭では野菜コーナーで販売されていることから、「きのこは植物」と思っている人も多いのではないでしょうか。でも、植物の仲間ではありません。では、何の仲間でしょうか。生き物の分類では、植物でも動物でもない「菌類」になります。その菌類は最近のDNAを解析した結果、私たち人間と同じ動物に近いということがわかってきました。

　そう聞くと、なんだか親近感が湧いてきませんか。

　そこで本書は、こうしたきのこの特徴をイラストで紹介し、目で見て楽しんでもらえればと企画しました。きのこをアイウエオ順で並べているのもそのためです。

　森や林の中でひっそりと生えているきのこたちは、実はどのきのこも個性的。闇の中で怪しく光るもの、カニの爪のような形をしたもの、まるでひよこのように卵の殻を割ってかわいらしい姿を見せるもの、わずか数時間で生長を遂げるもの、そし

本書の
3つの特徴

▲個性的なきのこ104種を
　イラストで紹介

て毒を持つものなど、その生態は神秘的で謎だらけ。そんな菌界の魅力がたっぷり詰まっています。

　さらに、きのこは食材としても優れもの。代謝や免疫力を高める成分をはじめ食物繊維を豊富に含むなど栄養価が高く、低カロリーでダイエット食品として優等生。そんなきのこを春夏秋冬ごとに、旬の食材とおいしく食べるレシピも紹介しています。

　目を凝らせば、さまざまな種類のきのこたちが自宅の庭をはじめ公園や畑など、意外に身近にも存在しています。珍しいきのこと出合うことができるかもしれません。さあ、本書とともに、「きのこの探検ツアー」に出てみませんか？

　本書の制作・編集にあたっては、きのこの研究開発に取り組む「ホクト株式会社」様のご監修をいただきました。ここに深く感謝いたします。

　愛すべききのこたちを楽しんでいただければ幸いです。

▲春夏秋冬別、旬の食材ときのこのレシピを紹介

▲図鑑としても活用できる「写真付き索引（p.142～）」

# もくじ

# 名前の由来は
# 日本古来の「藍色」

単体で
生えていることも
あれば
群生気味に生えて
いることも

傘の真ん中に
くぼみがある
「じょうご形」

傘の
直径は
6 ～ 12cm

7 ～ 10 月に
広葉樹林の
地上に発生！

傘の表面は
くすんだ緑色
（藍色）で
不規則なひび割れ
（かすり模様）が
できる

※日本古来の「藍色」は、植物の「藍」から染め上げられた、
　青の中に黄色を混ぜた少し緑がかった色を指す

## アイタケ

| | |
|---|---|
| 学　名 | *Russula virescens* |
| 分　類 | ベニタケ属 |
| 別　名 | アイヨヘイジ、イロガワリ、カスリキノコなど |

| | |
|---|---|
| 分布地域 | 北半球温帯以北 |
| 環境・場所 | コナラ属、カバノキ属、ブナ属などの落葉広葉樹林内の地上など |
| 発生時期 | 夏～秋 |

食用

# 傘が山鳥の羽みたい？
# 和名は「赤山鳥」

あまりの
おいしさからか…
"虫"がとても
入りやすい

大きな
ものでは
傘が20cmを
超える

食べごろの
ものは味が
強くとても
おいしい

傘の表面が
山鳥の羽に似て
いることから
呼び名がついた
という説がある

傘の表皮は
生長するにつれて
不規則に
ひび割れる

和名では
「赤山鳥」と
書く

## アカヤマドリ

学　名　*Leccinum extremiorientale*
分　類　ヤマイグチ属
別　名　―

| 分布地域 | 日本、中国、韓国、ロシア極東 |
| --- | --- |
| 環境・場所 | 雑木林の地上 |
| 発生時期 | 夏～秋 |

食用

11

# 赤と黄色のコントラスト
## 魅惑の美脚

傘ははじめ
饅頭形で
後には
ほぼ平らに開く

傘の色は淡褐色
から淡灰褐色
表面ははじめ
ひび割れが
みられる

傘と
柄の表面は赤
管孔は黄色の
鮮やかな配色♥

傘の直径は
5〜10cm程度
大きい時には
20cm程度まで
生長

胃腸系の
中毒あり！
毒きのこ

学名の
"calopus"は
"美しい脚の"
という意味！

アシベニイグチ

| 学 名 | *Boletus calopus* |
|---|---|
| 分 類 | ヤマドリタケ属 |
| 別 名 | 一 |

| 分布地域 | 山地・亜高山帯にかけての比較的涼しい地域 |
|---|---|
| 環境・場所 | アカマツやコメツガ、オオシラビソなどの針葉樹の林内の地上 |
| 発生時期 | 夏〜秋 |

変色

傘裏の
黄色い部分を
傷付けると
青く変色

# 桜の木の周囲に発生する
# お花見きのこ♪

あ

フランス人が
好む食用のきのこ
現地では
「モリーユ」と
呼ばれ人気♥

高さ
7 〜 15cm
程度の
大きさ

桜の花が咲く頃
桜の木の周囲に発生
全国各地で
見られる！

カサの部分が
網のような
模様

頭部は白や
茶色などの
色の変化が
大きい

## アミガサタケ

学　名　*Morchella esculenta*
分　類　**アミガサタケ属**
別　名　**モリーユ、モレル**

| 分布地域 | 日本、欧州 |
|---|---|
| 環境・場所 | 林内、道端などの地上。おもにサクラの樹下に群生 |
| 発生時期 | 春 |

食用

13

# 傘の裏側が網のよう
# アミアミきのこ

表面は
黄褐色で
ややヌメリが
ある

ゆでると
赤紫色に
変化する

さっぱり
とした風味と
歯切れのよさが
魅力の食用
きのこ

黄褐色の傘は
はじめ
半球形や饅頭形で
生長すると
ほぼ平らに開き
古くなると
反りかえる

一か所から
数本が発生し
重なるように
生長する
ことも

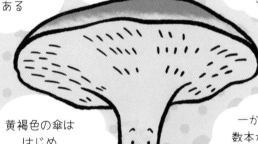

## アミタケ

| 学　名 | *Suillus bovinus* |
|---|---|
| 分　類 | ヌメリイグチ属 |
| 別　名 | アミコ、イクチ、シバタケ、スドオジ |

| 分布地域 | 日本など、北半球の温帯以北 |
|---|---|
| 環境・場所 | おもにアカマツ、クロマツなどのマツ林の地上 |
| 発生時期 | 夏～秋 |

食用

# 甘酸っぱ～い
# アンズの香り♥

全体が
卵黄色で
傘は漏斗形

見た目は
剥いた後の
ミカンの皮
そっくり

名前の通り
アンズの香り
がする…が

味は別もの
歯ごたえがあり
シチューやマリネ
ピザのトッピング
などにピッタリ

カロテノイド系
の色素を含み
抗酸化作用や
免疫機能向上が
期待されている

## アンズタケ

| | | |
|---|---|---|
| 学　名 | *Cantharellus cibarius* | |
| 分　類 | アンズタケ属 | |
| 別　名 | ジロール、シャンテレル、ミカンタケなど | |

| 分布地域 | 世界全域 |
|---|---|
| 環境・場所 | マツ、コメツガの林内の地上 |
| 発生時期 | 夏～秋 |

食用

15

# ラッパ？ ホウキ？
# それとも…臼？

子実体
（きのこ本体）が
臼の形に似て
いることから…
漢字で書くと
「臼茸」

胃腸系の
中毒を起こす
可能性が
確認された
毒きのこ

ラッパタケ科に
属しているが
ラッパのようにも
見える？

傘は黄色の
漏斗形

DNA 解析による
研究の結果
「ホウキタケ」と
近縁にあることが
判明！

※子実体：菌類が胞子形成のために作る菌糸の集合体のこと。きのこそのものを指す。

## ウスタケ

学　名　*Turbinellus floccosus*
分　類　**ウスタケ属**
別　名　ー

| 分布地域 | 日本、中国、欧州など |
| --- | --- |
| 環境・場所 | モミ類の林内の地上 |
| 発生時期 | 夏〜秋 |

# ぽってりかわいい
# どら焼ききのこ

イグチ科は
胞子がつくられる
ヒダがないかわりに
管孔（フワフワ）を
もっています

傘の裏が
フワフワで
スポンジ
みたい♥

傘の径は
5〜9cm
柄の長さは
6〜9cm

傘は
赤褐色〜濃褐色
不規則な
でこぼこ

管孔が黒いので
「ウラグロ（裏黒）
ニガ（苦）イグチ（猪口）」
と名付けられている…
幼菌のときは
真っ黒！

体質によっては
中毒症状を
起こすこともある
との報告あり！

## ウラグロニガイグチ

| 学 名 | *Sutorius eximius* |
|---|---|
| 分 類 | ウラグロニガイグチ属 |
| 別 名 | ― |

| | |
|---|---|
| 分布地域 | 日本、中国、ニューギニア、北米東部 |
| 環境・場所 | ブナ科の広葉樹の下など |
| 発生時期 | 夏〜秋 |

# 野生のエノキタケは日焼け肌の
## ワイルド❤イケメン

野生の
エノキタケは
黄褐色〜暗褐色で
湿ったときは
強い粘性がある

市販の
エノキタケは
純白に品種改良された
もので
野生とは違う…

いろいろな
食べ方があり
大人気❤

多数発生し
傘の径は
2〜8cm

## エノキタケ

| 学 名 | *Flammulina velutipes* |
|---|---|
| 分 類 | エノキタケ属 |
| 別 名 | ― |

| 分布地域 | 世界全域（温帯〜亜寒帯） |
|---|---|
| 環境・場所 | 広葉樹の朽ち木上 |
| 発生時期 | 晩秋〜春 |

食用

# 日本のエリンギは
# 人工栽培の人気者

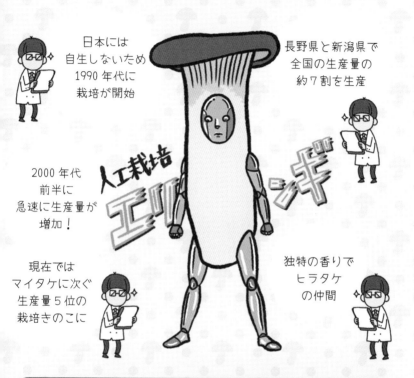

日本には
自生しないため
1990 年代に
栽培が開始

長野県と新潟県で
全国の生産量の
約 7 割を生産

2000 年代
前半に
急速に生産量が
増加！

現在では
マイタケに次ぐ
生産量 5 位の
栽培きのこに

独特の香りで
ヒラタケ
の仲間

## エリンギ

学　名　*Pleurotus eryngii*
分　類　ヒラタケ属
別　名　ー

| 分布地域 | ユーラシア大陸と地中海性気候・ステップ気候の地域 |
|---|---|
| 環境・場所 | セリ科植物の枯死した根に生育 |
| 発生時期 | 人工栽培なので 1 年中 |

食用

# 教えて！ きのこ博士

## きのこは低カロリーなのに、栄養価が高いってホント？

本当じゃあ。きのこのカロリーは、100gあたり20kcal程度。しかも、ビタミンやミネラル、食物繊維が豊富で免疫力を高めたり、腸内環境を整えたりといったさまざまな健康効果が期待できるんじゃよ。ここでは、きのこの元気パワーを紹介しよう！

## きのこは脂質がほぼゼロなので、とても低カロリー！

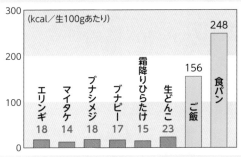

(kcal／生100gあたり)

| エリンギ | マイタケ | ブナシメジ | ブナピー | 霜降りひらたけ | 生どんこ | ご飯 | 食パン |
|---|---|---|---|---|---|---|---|
| 18 | 14 | 18 | 17 | 15 | 23 | 156 | 248 |

きのこ：ホクト（株）調べ　その他食品：日本食品標準成分表より

きのこはとても低カロリーなんじゃあ！

## ビタミンDが丈夫な体を作る！

ビタミンDアップ！

ビタミンDにはカルシウムの吸収を助け、骨を強くするだけではなく、免疫力アップ、がんや糖尿病予防などさまざまな健康効果があることがわかってきている。私たちの体は紫外線を浴びることでビタミンDを作ることができるが、きのこにはこのビタミンDが豊富に含まれている。とくにお日様に当たるのが少ない現代人は積極的に摂りたい栄養素といえる。

食べる直前のきのこに、紫外線を当てると、ビタミンDが増えるのじゃあ

| ブナシメジ | シイタケ | エノキタケ |
|---|---|---|
|  |  |  |
| 二日酔いに効くといわれる「オルニチン」の含有量がシジミの7倍も！ また、脂肪を燃焼させる働きもあり、ダイエットをサポートしてくれる。 | 食物繊維が豊富で、便秘解消や肌荒れ防止、ダイエット効果が期待できる。干しシイタケはビタミンDが増加し、より健康効果が高まる。 | GABAが含まれており、精神が安定する。 |

## ビタミンB群で美と健康をゲット！

きのこには、3大栄養素である糖質やタンパク質、脂質の代謝をサポートするビタミンB群が豊富に含まれている。美肌やスタミナアップ、集中力の向上など効果が期待できる。ビタミンB群は、ビタミンB1、B2、B6、B12、葉酸、ナイアシン、ビオチン、パントテン酸という8種類のビタミンの総称。食事から健康な体や筋肉を作るためにも、きのこに含まれるビタミンB群をたっぷり摂るように心がけたい。

## 食物繊維でデトックス＆ダイエット！

きのこに多く含まれる食物繊維には、便秘解消、血糖値の急激な上昇を抑える、余分な脂肪などを吸着し体外に排出するなど、さまざまな効果が期待されるが、とくに腸内環境が改善されるので、美容に欠かせないビタミンやミネラルなどの栄養素の吸収がアップ、老廃物が排出されて代謝も高まるなどダイエットにも役立つ。

## βグルカンで免疫力アップ＆アレルギーを防ぐ

きのこに多く含まれるβグルカンには、免疫力を活性化して、身体を守る能力を向上させる働きがあることで知られている。

## ストレスを軽減するGABA！

イライラや興奮などを鎮めて、心を安定させてくれる成分として近年、注目されている。GABAとはγ-アミノ酪酸と呼ばれる神経伝達物質で、ドーパミンなどの興奮系の神経伝達物質の過剰分泌を抑えてリラックス効果がある。

# きのこを食べよう！ 春の巻

## きのことあさりのトマトパスタ

使用きのこ

`ブナシメジ`　`ブナピー`

材料（4人分）
ブナシメジ…100g
ブナピー…100g
玉ねぎ…1個
にんにく…2片
あさり…300g
ベーコン…4枚
トマト缶（カット）…600g
オリーブオイル…大さじ1
コンソメ…1/2個
パスタ…400g
牛乳…200ml
塩・こしょう…適量
粉チーズ…適量
パセリ…適量

作り方

❶あさりは砂抜きする。ブナシメジとブナピーは石づきを切り小房に分ける。玉ねぎとにんにくはみじん切りにする。ベーコンは適度な大きさに切る。

❷フライパンにオリーブオイルを熱し、玉ねぎとにんにく、ベーコンを炒める。

❸❷にきのこ、あさりを加え、フタをして蒸し煮にする。

❹あさりの殻が開いたら一度取り出し、トマト缶、コンソメを加えて煮詰める。その間にパスタをアルデンテに茹でる。

❺❹に牛乳を加えて温まったら、塩・こしょうで味を調え、取り出したあさり、茹で上がったパスタを加えてソースを絡める。

❻皿に盛り付け、粉チーズをたっぷり振り、パセリを散らす。

### 菌活ポイント

きのこに含まれるビタミンB$_1$がパスタの糖質代謝をサポート。だから、効率的にエネルギーをチャージできるんじゃあ

**菌活とは？** しょうゆ、みそ、納豆などの日本の伝統食はもちろん、チーズやヨーグルトなどの菌の力を借りて作られた発酵食品を毎日の食事に取り入れることを「菌活」と

きのこは低カロリーで栄養豊富な万能食材。
春が旬の食材と組み合わせて、おいしい「菌活生活」を始めましょう！

# きのことアスパラガスのカレー炒め

使用きのこ

エリンギ　　ブナピー

材料（4人分）
エリンギ…100g
ブナピー…100g
アスパラガス…4本
豚肉（こま切れ）…200g
ミニトマト…8個
コーン…80g

Ⓐ
ケチャップ…大さじ2
カレー粉…大さじ1
ウスターソース…大さじ1/2
砂糖…小さじ1

塩・こしょう…少々
サラダ油…大さじ1

作り方

❶ブナピーは石づきを切り小房に分け、エリンギは輪切り
にする。アスパラガスは硬い部分の皮をむき、食べやす
い大きさに切る。ミニトマトは半分に切る。Ⓐは混ぜ合
わせる。

❸フライパンにサラダ油を熱し、豚肉、きのこ、アスパラ
ガス、塩・こしょうを加えて炒める。

❷Ⓐと汁気を切ったコーンを入れて全体を混ぜ合わせるよ
うに炒め、ミニトマトを加えてサッと炒め、器に盛る。

### 菌活ポイント

きのこに含まれるビタミン B₆ はタンパク
質を代謝し筋肉作りを助ける。良質なタン
パク質が豊富なお肉と合わせて筋肉維持を
サポート。カレーの香りで食欲も高まる、
アスリートにおすすめの一品！

いう。免疫力アップが期待できるので、健康のために積極的に取り入れたい。きのこは菌
100%の「菌の王様」だから、「菌活」に最強の食材だよ。5月24日は「菌活の日」です。

# やわらか～い
# 肉質で美味

傘は緋色～
帯褐淡赤色で
老成すると
褐色

傘は饅頭形
から平らに開き
中央部がやや
くぼんだ形に
なる！

肉質が
柔らかいため
汁物や煮物などに
ピッタリ♥

柄の根元
は詰まっていて
ヒダは粗く
はじめは灰色で
次第に淡い
紫色になる

## オウギタケ

| 学　名 | *Gomphidius roseus* |
|---|---|
| 分　類 | オウギタケ属 |
| 別　名 | ― |

| 分布地域 | 欧州、シベリア、中国、朝鮮半島、日本 |
|---|---|
| 環境・場所 | マツ林内の地上 |
| 発生時期 | 夏～秋 |

食用

# キツネもびっくり?
# アンモニア菌きのこ

あ

人や動物の
排尿の跡に発生！
アンモニア菌の
ひとつ

傘は饅頭形から
中央がくぼみ
生長すると
縁が大きく波打つ

褐色を
帯びた肉色

## オオキツネタケ

| 学 名 | *Laccaria bicolor* |
|---|---|
| 分 類 | キツネタケ属 |
| 別 名 | ― |

| 分布地域 | 日本、韓国、欧州など |
|---|---|
| 環境・場所 | 林地の排尿の跡 |
| 発生時期 | 夏～秋 |

食用

25

# まるで…
# おしゃれアンブレラ

夏〜秋に
主にブナ科の
樹の下に
発生！

傘の径は
2〜8cm
平均的な
大きさ

表面は
顕著な繊維状で
光沢があり
"絹"っぽい
質感♥

傘の部分は…
はじめの頃は円錐形
生長するにしたがって
縁の部分が
反り返って
くる

おしゃれ
だけれど…
毒きのこ！

## オオキヌハダトマヤタケ

学　名　*Inocybe fastigiata*
分　類　アセタケ属
別　名　—

| 分布地域 | 北半球 |
|---|---|
| 環境・場所 | 広葉樹林など |
| 発生時期 | 夏〜秋 |

26

# 育ての親は
# シロアリなんです

傘の径は
6.5〜12cmで
中央部が尖る
柄は長い

シロアリの
巣に連なって
おり

シロアリは
オオシロアリタケを
巣で栽培
きのこによって分解
された菌園をエサに
している

炒め物
などにして
食べても
おいしい♪

## オオシロアリタケ

| 学　名 | *Termitomyces eurhizus* |
| 分　類 | オオシロアリタケ属 |
| 別　名 | 一 |

| 分布地域 | 沖縄地方 |
| 環境・場所 | シロアリの巣 |
| 発生時期 | 梅雨時 |

食用

27

# いろんな料理と 相性イイネ！

湿った場所ではヌメリが出る

素焼き？

ソテー？

傘の径は4～10cmほど色はきつね色～橙褐色

饅頭形の傘が生長するに従って平らに開き縁部は内側に巻く

肉は風味にクセがなく歯切れがいいのでどんな料理にも合わせやすい♥

林内に列を作るように発生することもある

## オオツガタケ

| 学 名 | *Cortinarius claricolor* |
|---|---|
| 分 類 | フウセンタケ属 |
| 別 名 | ― |

| 分布地域 | 北半球中北部 |
|---|---|
| 環境・場所 | ツガ、マツなどの針葉樹林内の地上 |
| 発生時期 | 夏～秋 |

食用

# 小さく可憐な
# カラマツ林の乙女

全体的に
乳白色で
小型のきのこ

傘ははじめ
饅頭形で
生長すると平らに
開き中央部が淡く
褐色を帯びる

淡白で
クセがなく
食べやすい！

ヒダは粗く
柄に長く
垂生し白色

## オトメノカサ

| | |
|---|---|
| 学　名 | *Cuphophyllus virgineus* |
| 分　類 | オトメノカサ属 |
| 別　名 | ― |

| | |
|---|---|
| 分布地域 | 日本など |
| 環境・場所 | カラマツ林の地上など |
| 発生時期 | 秋 |

食用

# 真っ黒！ トゲトゲ！
# 強面系きのこ

傘の径は
3〜8cm

意外にも！
真っ黒な傘の
断面は"白色"

柄は
折れ
やすい

傘の縁に
フリル状の
ツバのなごりが
みられます♥

舌触りや
風味がよいと
言われて
おり…

マリネや
煮込み料理に
すると
おいしい

傷つくと…
赤く変色
やがて黒色に
変色する

## オニイグチ

| 学 名 | *Strobilomyces strobilaceus* |
| --- | --- |
| 分 類 | オニイグチ属 |
| 別 名 | ― |

| 分布地域 | 北半球 |
| --- | --- |
| 環境・場所 | マツやモミの混生林内の地上 |
| 発生時期 | 夏〜秋 |

食用

# 柄（え）もない…傘もない…
# 不思議系？ 癒し系？

フスベとは
"こぶ"の意味！
大きなこぶ状の
きのこなので…
「オニフスベ」と
名前が付いている

バレーボール
のような
柄も傘もない
白い球体の
きのこ

食べごろは
若いとき！
"はんぺん"の
ような食感

大きさは
30〜50cmまで
大きくなる！

成熟すると
胞子が
いっぱいで
食べられない

## オニフスベ

学　名　*Calvatia nipponica*
分　類　ノウタケ属
別　名　ヤブダマ、ヤブタマゴ、
　　　　キツネノヘダマ、テングノヘダマ

| 分布地域 | 日本 |
|---|---|
| 環境・場所 | 林や雑木林、竹林、庭先などの地上 |
| 発生時期 | 夏〜秋 |

食用

# 漢字で書くと鹿の舌でも
# フランス語では羊の足？

傘の裏に
白いとげが密生し
老成すると円形
から反り返って
不規則な形に
なる

傘は饅頭形
から平らに開く
傘の表面は
なめらかで
色は橙から
黄色、薄茶色

味がよく
世界各地で
食べられているが
最近
妻性成分が
確認されている

肉はもろく
崩れやすい

## カノシタ

| | | |
|---|---|---|
| 学　名 | *Hydnum repandum* | |
| 分　類 | カノシタ属 | |
| 別　名 | ピエドムートン | |

| 分布地域 | 日本をはじめ世界各地 |
|---|---|
| 環境・場所 | 針葉樹や広葉樹林内の地上 |
| 発生時期 | 秋 |

# 大人になると…
# 8頭身モデル体型

か

名前の
由来となって
いる樺色とは
赤みの強い
茶黄色のこと

傘の外縁の
条線と呼ばれる
線模様が
とても美しい♥

傘の色は
茶褐色を帯びていて
表面はすこし
"ネバッ"とした
粘性あり

生まれたては
タマゴのように丸い
生長すると…
柄の長さが
8〜15cmの八頭身
モデル体型に！

## カバイロツルタケ

| | | |
|---|---|---|
| 学 名 | *Amanita fulva* | |
| 分 類 | テングタケ属 | |
| 別 名 | — | |

| | |
|---|---|
| 分布地域 | 北半球一帯 |
| 環境・場所 | 各種林内の地上 |
| 発生時期 | 夏〜秋 |

33

# 杯みたいな形で
（さかずき）
# カンパ〜イしたくなる

肉は薄いが
しっかりめ
色は白色

古くから
食用とされて
きたが…
妻性成分あり

傘は
生長すると
漏斗状に！

猛毒の
ドクササコや
ホテイシメジに
類似するため
注意

## カヤタケ

学　名　*Infundibulicybe gibba*
分　類　**カヤタケ属**
別　名　一

| 分布地域 | 北半球一帯 |
|---|---|
| 環境・場所 | 各種林内や草地 |
| 発生時期 | 秋 |

34

# 生長するまではつくしんぼ
# 開いてびっくり唐傘ダ

傘が20cm
柄が30cm程度に
成長
大きいものは
柄が50cm
にもなる！

傘は握っても
形が崩れず
元通りになるくらい
弾力があるため
「ニギリタケ」と
呼ばれることも

傘が開く前の
"つぼみ"のまま
柄がどんどん伸び
生長して傘が開いた
成熟状態になると
唐傘そっくりの
形に

生食すると
中毒を起こす
可能性あり

## カラカサタケ

| | | |
|---|---|---|
| 学 名 | *Macrolepiota procera* | |
| 分 類 | カラカサタケ属 | |
| 別 名 | ニギリタケ、オシコンボ、キジタケ、ツルタケ | |
| 分布地域 | 世界全域 | |
| 環境・場所 | 各種林内や草地、竹藪などの地上 | |
| 発生時期 | 夏〜秋 | |

成熟した姿

食用

# サツマイモ色でおいしそう
# だけど…すごく苦い

味は
強い苦みが
ある！

カラマツ林内の
地上に発生する
紅色のイグチ科の
きのこなので
「唐松紅花猪口」と
名付けられた

名前の通り
カラマツと
共生しているので
平地ではほとんど
見ることが
できない

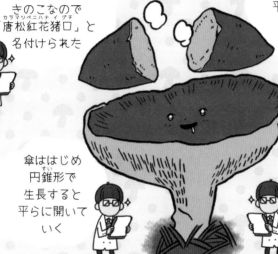

傘ははじめ
円錐形で
生長すると
平らに開いて
いく

傘径は 2〜7cm
表面は繊維〜綿毛状
の鱗片に
覆われている

## カラマツベニハナイグチ

| 学 名 | *Boletinus paluster* |
|---|---|
| 分 類 | アミハナイグチ属 |
| 別 名 | — |

| 分布地域 | 日本、北米 |
|---|---|
| 環境・場所 | カラマツ林内の地上 |
| 発生時期 | 晩夏〜初秋 |

# とっても硬い！
# 修行に使えるカモ

褐色や濃い青色
黄色っぽいものなど…
カラーバリエーション
が豊富

学名も
「様々な色」
という意味の
versicolor が
つく

はああ！

抽出された成分を
もとに抗がん剤が
作られるなど
高い薬理効果が
あると研究が
進められている！

表面は細かい
毛が密生して
年輪のような
模様になる

とても硬い
きのこで
漢字では
「瓦茸」と
書く

## カワラタケ

| | |
|---|---|
| 学 名 | *Trametes versicolor* |
| 分 類 | シロアミタケ属 |
| 別 名 | ー |

| 分布地域 | 世界全域 |
|---|---|
| 環境・場所 | 広葉樹の切り株や倒木など |
| 発生時期 | ほぼ一年中 |

# 霜降り肉状の断面
# 貧者のビーフステーキ

傘は
舌のような
形で厚さは2cm
幅は5cmほど

ヨーロッパ
では「牛の舌」
と呼ばれる

断面は
霜降り肉状を
しており
切ったときに
赤い液汁が出る

色は
赤紅色から
褐色

そのことから
アメリカでは
「貧者のビーフ
ステーキ」と
呼ばれる

やや酸味が
あるが
生でスライスして
食べたり
バターソテー
もおいしい♥

## カンゾウタケ

学　名　*Fistulina hepatica*
分　類　カンゾウタケ属
別　名　—

| 分布地域 | 世界全域 |
|---|---|
| 環境・場所 | シイなどの大木の根元 |
| 発生時期 | 初夏、秋 |

食用

# 栄養た〜っぷり
# コリコリ食感が人気

背面には
細かい毛のような
ものがあり
内側はなめらか

日本、中国、韓国で
豚骨ラーメンの
具として
多く使われる

乾燥すると
硬く縮み薄皮状に
人工栽培も多く
行われて
いる

茶褐色で
ゼラチン質の
コリコリとした
食感がある
栄養価の
高いきのこ

## キクラゲ

| 学　名 | *Auricularia auricula-judae* |
|---|---|
| 分　類 | キクラゲ属 |
| 別　名 | ― |

| 分布地域 | 世界各地 |
|---|---|
| 環境・場所 | 広葉樹の切り株や枯れ木 |
| 発生時期 | 春〜秋 |

食用

# 太陽の日差しが苦手な
# デリケートきのこ

傘は成熟するとひだが錆褐色になる

傘の径は1〜3cmの小型のきのこ

傘が黄色く小さいことから「黄小傘茸」と名付けられている！

英語圏では「White Dunce Cap」と呼ばれている

Dunce Capとは円錐形の帽子のことで傘の形からこの名が付けられたと考えられる…

太陽の日差しに弱く朝見つけたきのこが夕方には無くなっていることも…

## キコガサタケ

| 学　名 | *Conocybe albipes* |
|---|---|
| 分　類 | コガサタケ属 |
| 別　名 | ウスキコガサ |

| 分布地域 | 日本、中国、台湾、ロシア、欧州、北米 |
|---|---|
| 環境・場所 | 草地、芝生、畑地などに発生 |
| 発生時期 | 初夏〜秋 |

# キツネ画伯の
# 愛用した絵筆?

はじめは
トカゲの卵に
よく似た
白い柔らかい
殻に包まれて
いる

赤い絵の具の
付いた筆のように
なっていることから
「狐の絵筆」と
呼ばれている

先端部の
グレバと呼ばれる
部分から
強い悪臭を放ち
ハエなどを呼び寄せ
胞子を運んで
もらう!

中国では
「竹林蛇頭菌」と
呼ばれています
竹林に生えている
蛇の頭のような
きのこ

## キツネノエフデ

学　名　*Mutinus bambusinus*
分　類　キツネノロウソク属
別　名　―

| 分布地域 | 北半球一帯、南米、とくに熱帯に多い |
|---|---|
| 環境・場所 | 各種林内や竹林の中、草地や道のほとりなど |
| 発生時期 | 夏～秋 |

か

41

# ゴージャスなレースをまとう
# 優美な女王様

レース状の網が
特徴的で
その美しい姿から
「きのこの女王」
とも呼ばれて
いる

頂部の
グレバ以外は
食用として利用され
中国では高級食材
として愛されて
いる♥

昔の貴人が外出の
際に愛用していた
絹を張った柄の長い傘
「絹傘(キヌガサ)」から
この名前がついた

生長の
スピードが
かなり速い
ことで有名！

## キヌガサタケ

| 学 名 | *Phallus indusiatus* |
|---|---|
| 分 類 | スッポンタケ属 |
| 別 名 | ― |

| 分布地域 | 日本、中国、北米など |
|---|---|
| 環境・場所 | カラマツの林や竹林の地上 |
| 発生時期 | 梅雨時〜秋 |

食用

# 教えて！きのこ博士

## 高級なきのこってどんなきのこ？

> 世界3大きのこと呼ばれているマツタケ、
> トリュフ、ポルチーニじゃあ。

### マツタケ　　　　　　　　　　　　　➡ p.126

マツタケは、秋にアカマツなどの針葉樹林に生えるキノコで、独特の強い香りがある。昔から「香りマツタケ、味シメジ」といわれておる。傘が開ききってしまうと味が落ちてしまうため、地表からわずかに1～2cm顔を出した時点で採取する必要があるんじゃ。価格は最高級と言われる『丹波マツタケ』が500g（およそ5～8本）で、98,000円で販売されている。

### トリュフ（セイヨウショウロ）　　　➡ p.70

トリュフはセイヨウショウロ属のキノコの総称で、広葉樹の根に菌根をつくり、地中に塊状の子実体を形成する。中でもイタリア産の白トリュフは1,360ドル（約10万円）から4,200ドル（約32万円）で取引され、2007年にイタリアで発見された1.5kgの超巨大白トリュフは、なんと22万ユーロ（約2,400万円）で落札されたそうじゃ。また、黒トリュフは「黒いダイヤモンド」とも言われ、山林の中で採ることができる。トリュフは独特の香り高さが持ち味で、犬や豚を使って探す方法が古くから主流となっておる。

白トリュフ

黒トリュフ

### ポルチーニ（ヤマドリタケなど）

ポルチーニもイタリア産が高級と言われているんじゃ。日本では「ヤマドリタケ」と呼ばれており、とれたてのポルチーニは木の実の香りに近く、乾燥させて熟成させると醤油に近い不思議な香りに変化するんじゃあ。

> ポルチーニは日本にも自生しておるぞ！

43

# コロコロキラキラ
# 雲母なきのこ

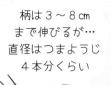

柄は 3 〜 8 cm
まで伸びるが…
直径はつまようじ
4 本分くらい

傘が開いた
時の直径は
1 〜 4 cm

幼菌の時のみ
傘表面が細かい
雲母状の鱗片
（うろこ状の細片）に
覆われて
キラキラ光る

有毒なので
食べたりせず
その姿を
見て楽しみ
ましょう♪

発生から
数日で溶けて
消えてしまう

※雲母（きらら）とは、六角形の板状の形をした鉱物の一種で、光沢があって光を受けるとキラキラと輝きます。

## キララタケ

学　名　*Coprinellus micaceus*
分　類　キララタケ属
別　名　―

| 分布地域 | 世界全域 |
|---|---|
| 環境・場所 | 広葉樹の切り株や倒木 |
| 発生時期 | 夏〜秋 |

# クリクリかわいいけど
# 苦いニガクリにご用心 か

赤褐色の
傘に繊維状の
ささくれあり

傘の直径は
5cm前後
ちょうど
栗の実と同じ
大きさ

日本では古くから
炒め物や天ぷら
カレーライス
まぜご飯などにして
食べられてきた

そっくりな
「ニガクリタケ」
は猛毒を
持つので注意！

近年
弱い毒成分を
含むことが
確認された…
食べすぎ注意！

## クリタケ

| | | |
|---|---|---|
| 学 名 | *Hypholoma lateritium* | |
| 分 類 | ニガクリタケ属 | |
| 別 名 | ― | |

| | |
|---|---|
| 分布地域 | 北半球暖温帯以北 |
| 環境・場所 | 広葉樹の切り株など |
| 発生時期 | 秋 |

🍴食用

# けんちん汁など煮込み料理で
# うまみ発揮

明るい黄土色で
饅頭形から
平らに開く

香りがよく
多少ヌメリもあり
シャキシャキした
食感が堪能
できる

味にクセがなく
うまみのある
ダシが出るので
どんな料理にも
最適

柄は白色で
しばしば
屈曲する

けんちん汁や
ボルシチなどの
煮込み料理で
うまみを発揮！

## クリフウセンタケ

| 学　名 | *Cortinarius tenuipes* |
|---|---|
| 分　類 | フウセンタケ属 |
| 別　名 | ニセアブラシメジ |

| 分布地域 | 日本 |
|---|---|
| 環境・場所 | コナラ、クヌギ、ミズナラなど広葉樹林内の地上 |
| 発生時期 | 秋 |

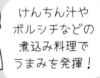

食用

# 通好みの味…ほろ苦
# ビター系きのこ

か

傘は丸山形から
扁平になり
後には中央が
くぼんで周囲は
反り返る

色は
はじめは灰白色
次第に灰褐色に
なる

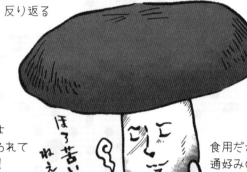

ほろ苦いじゃねぇの…

表面は
微毛に覆われて
いる！

食用だがほろ苦く
通好みの味として
地方によっては
マツタケよりも
高値で取引される

## クロカワ

| 学　名 | *Boletopsis grisea* |
|---|---|
| 分　類 | クロカワ属 |
| 別　名 | ウシビタイ、ナベタケ、ロウジ |

| 分布地域 | 日本、欧州、北米 |
|---|---|
| 環境・場所 | マツやコメツガ林、マツがある雑木林の地上 |
| 発生時期 | 秋 |

食用

47

# 大きな傘にざつなヒダ
# ごつい体育会系

生長するに従い
傘が反り上がって
成熟すると
ダイナミックな
見た目に！

クロハツの
老菌の上には
しばしば
ヤグラタケ（p.131）
が発生！

傘の直径は
6〜12㎝
柄の長さ
3〜6㎝

ふん！

傷を付けると
白色の肉の部分は
赤色に変化し
次第に黒色に
変化していく

群生する
有毒のきのこ

## クロハツ

| 学　名 | *Russula nigricans* |
|---|---|
| 分　類 | ベニタケ属 |
| 別　名 | ― |

| 分布地域 | 北半球 |
|---|---|
| 環境・場所 | 雑木林の地上など |
| 発生時期 | 夏〜秋 |

# 見た目は渋い
# 孤高のトランペッター

「ブラック・トランペット・マッシュルーム」や「死者のトランペット」など、形状がトランペットに似ていることから様々な呼び名がある

キリスト教において「死者に祈る日（11月2日）」がクロラッパタケが大量に生える時期だったことから「死者のトランペット」と呼ばれるようになった

非常に豊かな風味と強い香りを持つ

## クロラッパタケ

| 学 名 | *Craterellus cornucopioides* |
|---|---|
| 分 類 | クロラッパタケ属 |
| 別 名 | ブラック・トランペット・マッシュルーム |

| 分布地域 | 世界全域 |
|---|---|
| 環境・場所 | 各種林内の地上 |
| 発生時期 | 夏〜秋 |

食用

# カラフルな傘は
# 夜間工事向き？

名前の由来は
いくつかあり
独特の甘い香りが
麹に似ている
ことから「麹茸」と
名付けられた
という説

傘の直径は
4〜7cm

指で
触れただけで
青色に変色する
特徴も

傘表面の
細かいひび割れが
麹の発酵した桶の
表面の様子に
似ていることに
由来するという
説などあり

魅力は
カラフルさ
とっても
ハデ！

## コウジタケ

| 学　名 | *Boletus fraternus* |
| 分　類 | ヤマドリタケ属 |
| 別　名 | ― |

| 分布地域 | 日本・北米 |
|---|---|
| 環境・場所 | 広葉樹林内の地上や芝生の上 |
| 発生時期 | 夏〜秋 |

食用

# マムシをも引き寄せる
# 強い香り

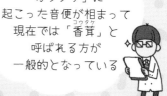

特有の
強い香りを放ち
この香りは
人間だけではなく
マムシも好む！

傘の直径が
10 〜 20cm
傘の表面に
ササクレがある

元々は見た目が
獣の皮革に見える
ことから「革茸」と
名付けられたが…

強い香りを放つことと
「カワタケ」に
起こった音便が相まって
現在では「香茸」と
呼ばれる方が
一般的となっている

香り高い優秀な
食用きのこ
1kg あたり
1万円以上
することもある

## コウタケ

| | |
|---|---|
| 学 名 | *Sarcodon aspratus* |
| 分 類 | コウタケ属 |
| 別 名 | シシタケ |

| | |
|---|---|
| 分布地域 | 日本特産種 |
| 環境・場所 | 広葉樹林やアカマツの混生林の地上 |
| 発生時期 | 秋 |

食用

51

# キラキラのスベスベ
# だけどコナッぽいんです

「黄金茸(コガネタケ)」は
その名の通り
黄金を連想させる
黄土色〜こがね色

全体に
黄色い粉が付着
しているので
「キナコタケ」とも
呼ばれている！

柄は 10cm前後
傘は 5 〜 15cm
発見しやすい
大きさ♥

色の濃いものは
中毒例の報告あり
食べる際には
十分に注意が
必要

黄色い粉は手や
衣類に付きやすく
なかなか落ちない

## コガネタケ

| 学　名 | *Phaeolepiota aurea* |
|---|---|
| 分　類 | コガネタケ属 |
| 別　名 | キナコタケ |

| 分布地域 | 北半球 |
|---|---|
| 環境・場所 | 各種林内や林道、草地 |
| 発生時期 | 晩夏〜秋 |

# とっちゃんぼーやは
# 毒を持つ

傘は半球形から
平らに開き
後ろに反り返る

コテングタケに
似ているから…
コテングタケ
モドキ

残念ながら
有毒です

## テングタケ科の「天狗」の由来の諸説

①人を中毒させて殺す恐ろしいきのこから天狗を想像して。
②傘の表面の赤や茶色を赤い天狗の顔の色に見立てた。
③天狗が履いている一本歯の高下駄から柄の長いきのこを総称したとも考えられる。
④天狗が現れそうな森や林に発生した。

※山と溪谷社「きのこの語源・方言事典」（奥沢康正　奥沢正紀　著）より

## コテングタケモドキ

学　名　*Amanita pseudoporphyria*
分　類　**テングタケ属**
別　名　一

| 分布地域 | 日本、韓国、中国 |
|---|---|
| 環境・場所 | シイなどの林内の地上 |
| 発生時期 | 夏〜秋 |

53

# じーっくりすわって 考えざるをえない？

煎じて薬とするなど薬用として利用される

多年生のため年々生長していく

傘表面にココア色の粉をまぶしたような見た目から

大きいものは傘の直径は60cm厚さは30cmとなり非常に硬い

漢字では「粉吹猿腰掛」と書く

## コフキサルノコシカケ

| 学　名 | *Ganoderma applanatum* |
| 分　類 | マンネンタケ属 |
| 別　名 | ― |

| 分布地域 | 日本、朝鮮半島、中国 |
| 環境・場所 | 広葉樹の幹など |
| 発生時期 | 1年中 |

# 触ると…プルプル
# ゴムみたい♪

外側を覆う
"かさぶた状"の
鱗片を取り除き
内部の黒い
ゼラチン質の部分
を食べます

直径
1〜4cm程度
集まって発生
する

学名は
「Bulgaria（革かばん）
inquinans（汚れた）」で
"ゴム"以外の
違った意味がある…

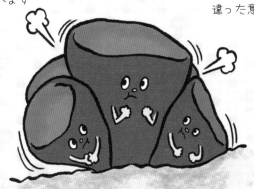

## ゴムタケ

学　名　*Bulgaria inquinans*
分　類　**ゴムタケ属**
別　名　**クロダイザ**

| 分布地域 | 北半球温帯 |
|---|---|
| 環境・場所 | ナラ科広葉樹の倒木など |
| 発生時期 | 夏〜秋 |

食用

55

# リニア級かも
# "あしが早い"のでご用心！

湿った
環境では
傘の表面に
ヌメリあり

多少苦みがあるが
一度ゆでこぼして
苦みを取れば
おいしく
いただける♥

列を作って
群生している
ことが多い

採取後は
傷みが早いので
注意！

## サクラシメジ

学　名　*Hygrophorus russula*
分　類　ヌメリガサ属
別　名　ドヒョウモタセ、アカンボ、
　　　　アカナバ、タニワタリ

| 分布地域 | 北半球温帯 |
|---|---|
| 環境・場所 | コナラ、クヌギ、ブナなどの広葉樹林の地上 |
| 発生時期 | 秋 |

食用

56

# みあげてごらん
# 星があるんです！

食用きのこで
タケノコや
牛肉と一緒に
オイスターソースで
炒めると絶品♪

傘裏のヒダは
はじめは淡色で
生長するにつれて
黒っぽく変わる

傘の大きさは
7〜15cm
星形のつばが
できる

「裂け鍔茸」
という名前が
ついているように
柄の上部に星形に
裂ける厚いツバが
特徴

## サケツバタケ

| 学　名 | *Stropharia rugosoannulata* |
|---|---|
| 分　類 | モエギタケ属 |
| 別　名 | ドッコイモタシ |

| 分布地域 | 日本、欧州など |
|---|---|
| 環境・場所 | 畑地、牛や馬の糞 |
| 発生時期 | 春〜秋 |

食用

# 傘がひらくと
# あっという間になくなるの

ヨーロッパでは
食用のきのこ
としても有名
傘が開く前の
ものを食べる

元々は
白色だが…
胞子が成熟するに
従い黒色
となり

傘の縁から
溶け出し…
最後には黒インク状
となって
一夜にして溶けて
滴り落ちて
しまう

長くささくれた
鱗片に覆われて
いるため
「ササクレ」という
名前が付けられた！

あ〜…

傘は
3〜5cm

## ササクレヒトヨタケ

| 学 名 | *Coprinus comatus* |
| --- | --- |
| 分 類 | ササクレヒトヨタケ属 |
| 別 名 | インク・キャップス |

| 分布地域 | 世界全域 |
| --- | --- |
| 環境・場所 | 畑や草地、道端などの地上 |
| 発生時期 | 春〜秋 |

食用

溶け出して
いる様子

# まるでスカートが
# 風でめくれたみたい！

傘径 3 〜 5cm
柄は長さ6 〜 13cm
で上に向かうに
つれてわずかに
細くなる

柄の表面は
白色の微毛に
覆われ
ざらざらとした
さわり心地

ざらついた
柄の様子から
「粗柄一夜茸」と
名付けられて
いる

強い風が
吹いたら飛ばされて
しまいそうなくらい
華奢で小さい

「一夜茸」とは
一晩にして溶けて
無くなってしまう
きのこのこと…

## ザラエノヒトヨタケ

| 学　名 | *Coprinopsis lagopus* |
|---|---|
| 分　類 | ヒメヒトヨタケ属 |
| 別　名 | 一 |

| 分布地域 | 世界全域 |
|---|---|
| 環境・場所 | 林、落ち葉の上 |
| 発生時期 | 春〜秋 |

# 傘がないけど
# ツメがある

各腕の内側から
グレバと呼ばれる
粘着質で強い悪臭を
放つ液体を出す

密教の修法で
使う法具"三鈷杵"に
似ていることから
「三鈷茸」と名付け
られた

カニの
ツメのような
色・形

## サンコタケ

| 学 名 | *Pseudocolus schellenbergiae* |
|---|---|
| 分 類 | サンコタケ属 |
| 別 名 | ― |

| 分布地域 | 日本、中国、韓国 |
|---|---|
| 環境・場所 | 林地、竹藪、道端 |
| 発生時期 | 梅雨期〜秋 |

# 古くから日本人に親しまれる
# 古武士

傘は
茶色〜褐色
綿毛状のササクレ
がある

日本で
もっとも古くから
栽培され
食べられている

毒性の強い
ツキヨタケと
よく似ている
ので注意！

原木栽培による
栽培種が一般的だが
野生でも生える

## シイタケ

学　名　*Lentinula edodes*
分　類　**シイタケ属**
別　名　—

| 分布地域 | 日本、中国、韓国など |
|---|---|
| 環境・場所 | シイノキ、ミズナラなど広葉樹の倒木、切り株 |
| 発生時期 | 春、秋 |

食用

61

# きのこを食べよう！ 夏の巻

## ひんやり♪　きのこと豚しゃぶのサラダ

© 2002 HOKUTO / H・T

使用きのこ

エリンギ　　マイタケ

材料（4人分）
エリンギ…200g
マイタケ…100g
豚しゃぶ肉…200g
きゅうり…1本
いんげん…8本
紫玉ねぎ…1/2個

Ⓐ　しょう油…大さじ3
　　酢…大さじ3

作り方
❶マイタケは小房にほぐし、エリンギは縦に薄切りにする。いんげんは食べやすい大きさにする。
❷紫玉ねぎときゅうりは薄切りにする。
❸鍋に水を入れてひと煮立ちさせたら中火にし、❶を茹でたらザルに上げておく。
❹豚肉を茹で、一旦水に取ったらザルに上げておく。
❺お皿に全ての材料を盛り合わせ、Ⓐを合わせたタレをかける。

### 菌活ポイント
きのこは100g約20kcal以下と低カロリー。しかも、豊富な食物繊維でボリュームアップ！　エリンギは薄切りにすることでお肉のような食感で、無理なくダイエットをサポートするよ。

夏バテを防ぐビタミンB群たっぷりメニューで、暑い季節を乗り切りましょう！　きのこに多く含まれるβグルカンは体調管理にも役立ちます。

© 2002 HOKUTO / H・T

# 夏のげんきのこカレー

**使用きのこ**

| ブナピー | エリンギ |

**材料（4人分）**
ブナピー…200g
エリンギ…200g
ピーマン…4個
魚肉ソーセージ…4本
カレールウ…4皿分
水…800ml
ごはん…600g

**作り方**

❶ブナピーは石づきを切り小房に分け、エリンギは輪切りにする。ピーマンはみじん切り、ソーセージは粗みじん切りにする。

❷フライパンにきのこを入れ、中火で加熱する。火が通ってきたらピーマンとソーセージを入れてフタをし、火が通るまで蒸し焼きにする。

❸❷に水とカレールウを加えて溶かし、ひと煮立ちさせる。

❹器にごはんを盛り付け、❸をかける。

## 菌活ポイント

きのこに豊富なビタミンB群は体をつくり、エネルギーとなる三大栄養素の代謝に不可欠な栄養素。ピーマンにはコラーゲンの生成を助けるビタミンCたっぷり。丈夫な体づくりにおすすめの食材で元気をチャージ！

# 仏の顔は
# １００本以上で!!

無数のきのこが
束になって発生し
やがては大きな
株を形成

たくさんの傘が
集まっている姿が
お釈迦様の頭を
連想させるため
この名前が
ついた

100本以上
の柄が集まった
株は50cm以上で
重さも1kgを
超える

傘の色は
灰～灰褐色

## シャカシメジ

| | |
|---|---|
| 学 名 | *Lyophyllum fumosum* |
| 分 類 | シメジ属 |
| 別 名 | センボンシメジ、イボコゴリ |

| 分布地域 | 北半球温帯 |
|---|---|
| 環境・場所 | アカマツとの混生林 |
| 発生時期 | 秋 |

食用

# おしゃれな
# 白いパラソル？

傘は 4 ～ 9 ㎝
柄の長さは
5 ～ 11㎝
比較的大きめ

色が白く
生長するにしたがって
形が唐傘状になる
ことから「白唐傘茸（シロカラカサタケ）」と
名付けられて
いる

英語圏では
滑らかな質感と
その形から
「Smooth Parasol」
と呼ばれている！

見た目が
似ている
有妻きのこが
あるので
注意！

## シロカラカサタケ

学　名　*Leucoagaricus leucothites*
分　類　シロカラカサタケ属
別　名　―

| 分布地域 | 北米、欧州 |
|---|---|
| 環境・場所 | 草地、路傍など |
| 発生時期 | 晩夏～初冬 |

# 葉っぱや木の海にいる
## クラゲ？

漢字では「木耳」と書く形が耳に似ていることから付いたという説がある

調理をすると味も食感も"海のクラゲ"そっくりになるので「キクラゲ」と呼ばれるようになった…という説もある

Hi!

黒いキクラゲと比べると…歯触りは"コリコリ"というよりも"ツルツル"

中国では「銀耳」という名前で流通している！

## シロキクラゲ

| 学 名 | *Tremella fuciformis* |
|---|---|
| 分 類 | シロキクラゲ属 |
| 別 名 | ― |

| 分布地域 | 温帯地域 |
|---|---|
| 環境・場所 | 広葉樹の枯れ木や倒木 |
| 発生時期 | 春～秋 |

食用

# 白い毛がフサフサだから
# キツネの盃なのかな？

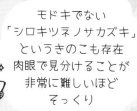

モドキでない
「シロキツネノサカズキ」
というきのこも存在
肉眼で見分けることが
非常に難しいほど
そっくり

盃の形をした
つぼ状の部分は
およそ1cm
柄の部分は
3～5cm程度

残念ながら…
食べられる
きのこでは
ない！

学名
「macrosporum」は
「macro（大きい）＋
spore（胞子）」が
語源となっている

## シロキツネノサカズキモドキ

| | |
|---|---|
| 学　名 | *Microstoma macrosporum* |
| 分　類 | シロキツネノサカズキ属 |
| 別　名 | ― |

| | |
|---|---|
| 分布地域 | 日本、中国 |
| 環境・場所 | 広葉樹林内などの落枝 |
| 発生時期 | 春～初夏 |

# スギに
# びっしりはりつきます

名前に
"スギ"とつくが…
スギの木だけでなく
マツの木にも
発生する！

大きさは
2〜6cm
集まって生える
ことが多い

学名には
「側頭（Pleurocybella）＋
広がった（porrigens）」
という意味があり
扇形が特徴的とされる
ことがうかがえる

平成16年に
食中毒事故が
発生してからは
毒きのことして
扱われている

## スギヒラタケ

学　名 *Pleurocybella porrigens*
分　類 **スギヒラタケ属**
別　名 ―

| 分布地域 | 北半球の温帯以北 |
|---|---|
| 環境・場所 | スギの倒木や切り株 |
| 発生時期 | 夏〜秋 |

# ドーンとそそり立つ
# 遠近法なセイタカ感

傘は淡褐色で
表面はフェルト状
饅頭形から
平らに開く

形が
特徴的で見分け
やすい

柄は長く
赤褐色の地に
白色の網目が
覆う

従来食用と
されてきたが
中毒例があるため
要注意！

## セイタカイグチ

学　名　*Boletellus russellii*
分　類　キクバナイグチ属
別　名　一

| 分布地域 | 日本、北米 |
|---|---|
| 環境・場所 | 広葉樹林内の地上 |
| 発生時期 | 夏〜秋 |

# ダイヤというには
## ちとゴツい

世界三大珍味

フォアグラ

キャビア

トリュフ

直径は
3 〜 15cm
形はジャガイモの
ように不規則に
デコボコ

世界三大珍味の
ひとつで
高級食材！
香りがとても
特徴的❤

日本でも
トリュフの仲間に
あたるきのこが
約20種ほど見つかって
いるが…
食用に適するかは
不明

別名
「セイヨウ
ショウロ」
とも言う

## セイヨウショウロ (トリュフ)

| 学 名 | *Tuber spp.* |
|---|---|
| 分 類 | セイヨウショウロ属 |
| 別 名 | 黒トリュフ、白トリュフ、黒いダイヤ |

| 分布地域 | 黒トリュフと白トリュフがあり、分布は異なる |
|---|---|
| 環境・場所 | カシ、ブナ、ポプラ、クリノキなどの木の根元 |
| 発生時期 | 夏、秋、冬 |

食用

# 十本？　百本？
# センボンで一人前？

多数群がって
発生する様子から
「千本屑茸(センボンクズタケ)」と
名付けられた

「屑茸(クズタケ)」とは
腐朽の進んだ木の上
などに発生する
"何の役にも立たない"
きのこをまとめた
呼称

傘径は
2〜5cm
吸水性あり

有毒性は
報告されていないが
味や香りが特に無く
肉質のもろさから
食用に向かない

## センボンクズタケ

| | |
|---|---|
| 学　名 | *Psathyrella multissima* |
| 分　類 | ナヨタケ属 |
| 別　名 | ― |

| | |
|---|---|
| 分布地域 | 世界全域 |
| 環境・場所 | 朽ち木上や埋もれ木 |
| 発生時期 | 秋 |

# 卵から割れ出るように
# ニョキッと参上

卵から
割れ出るように
"ニョキッ"と
生える姿が
愛らしい

名前のとおり
地表に直径4〜5cmの
タマゴのような
白い球体が出てくる
ところからはじまる

バターと
相性が良いので
炒めものや
オムレツに入れると
おいしい♥

成熟したもので
傘の直径10cm前後
柄の長さ15cm前後

ピョ

## タマゴタケ

学　名　*Amanita caesareoides*
分　類　テングタケ属
別　名　ー

| 分布地域 | 日本、韓国、中国など |
|---|---|
| 環境・場所 | シイ、ナラなどの樹下 |
| 発生時期 | 夏〜秋 |

食用

# タマゴタケが生長する過程

断面

地表に出てきた卵のような真っ白な球体。球体の中には既にきのこがあるんです。

球体が割れて、真っ赤なきのこの頭が見えてきました。きたーっ！わくわくが止まらない状況になります。

赤く見える部分が少し広がってきました。きのこ好きなら、がんばれ！もう少しだ！と一番応援したくなる場面。

閉じた状態の赤い傘が、球体から完全に脱出成功。あとはもう、ぐんぐんと柄を伸ばしていきます。

柄が伸び、傘も少しずつ開いてきます。真っ赤でつるつるしたきれいな傘は一見したところ、トマトと見間違えるほどです。

りっぱに生長したね…美しい♥

# タマゴタケとちがい
# 猛毒なのでご用心!

発生時は
タマゴタケと
同じように
地表に白い球体が
出てくるところ
から始まる

白色膜質の
"つば"を
持っている♥

ドクツルタケと
同じ種類の
毒を持つ
猛毒のきのこ

うぃぃ!
ピョリ

幼菌時は
淡褐色の鱗片に
覆われている
柄は淡褐色で
細い

## タマゴタケモドキ

| 学　名 | *Amanita subjunquillea* |
|---|---|
| 分　類 | テングタケ属 |
| 別　名 | ― |

| 分布地域 | 世界全域 |
|---|---|
| 環境・場所 | 広葉樹の切り株や倒木 |
| 発生時期 | 夏～秋 |

# レモンのような色で
# 健康パワーあふれます

た

人工栽培も
行われており
コガネシメジという
名前でも販売
されている

抗アレルギー作用や
免疫賦活作用
抗腫瘍作用など
薬理効果に
ついても研究が
進められている

傘の大きさは
直径
2～6cm

東北～北海道に
多く発生する
食用のきのこ
味や香りが良く
特に北海道で
親しまれている

## タモギタケ

| 学　名 | *Pleurotus cornucopiae var. citrinopileatus* |
|---|---|
| 分　類 | ヒラタケ属 |
| 別　名 | コガネシメジ、ニレタケ、タモキノコ |

| 分布地域 | 日本、中国東北部、ロシア極東地方、韓国 |
|---|---|
| 環境・場所 | ニレ、ヤチダモ、ナラ、カエデなどの倒木や切り株から |
| 発生時期 | 初夏～秋 |

食用

75

# ランプの傘に
# 不思議な魅力？

5〜20本ほど
束になって
生える

漢字で
書くと
「血潮茸」

傘の大きさは
2〜3cm
縁にはギザギザの
フリンジが
見られる

かはっ！

傷を付けると
暗赤色の血液の
ような液がにじみ
出てくるため…
「血潮茸」と名付け
られた！

柄の長さは
5〜10cmの
とても小さな
きのこ

## チシオタケ

学　名　*Mycena haematopus*
分　類　クヌギタケ属
別　名　―

| 分布地域 | 世界全域 |
|---|---|
| 環境・場所 | 広葉樹の朽木など |
| 発生時期 | 夏〜秋 |

# チチタケだけど
# 「乳茸」って書く

傷を付けると乳白色の液が多量に出てくることから和名では「乳茸」と表記される

近縁種キチチタケは妻性ありなので要注意

栃木では「チタケ」という呼称もあり主に「チタケうどん」の具材として用いられることが多い！

父です

母です

## チ チ タ ケ

| | |
|---|---|
| 学　名 | *Lactarius volemus* |
| 分　類 | チチタケ属 |
| 別　名 | チタケ |

| | |
|---|---|
| 分布地域 | 北半球一帯 |
| 環境・場所 | 広葉樹下の地上 |
| 発生時期 | 夏〜秋 |

食用

# 山歩きに疲れたら
# 頼れる「ツエ」かも

柄が地中深くまで伸びていて長いものでは30cmにも及ぶ！

今まで「ツエタケ」と呼ばれてきたきのこが複数の種類に分けられることが判明！

食妻不明なものとして考えたほうが良い

杖じゃないよ…！

ムニャ…

細長い柄が杖に似ていることから「杖茸」と名付けられている

## ツエタケ（広義）

| 学 名 | *Oudemansiella radicata* |
|---|---|
| 分 類 | ツエタケ属 |
| 別 名 | ― |

| 分布地域 | 日本など |
|---|---|
| 環境・場所 | 各種林内の地上 |
| 発生時期 | 秋 |

# 月夜には
# 光々しい月夜茸

シイタケや
ムキタケなど
おいしいきのこに
似ている場合が
あるので
誤食注意！

Hi

傘は
長径 10 〜 25cm
広葉樹の倒木
または枯れ木に
発生！

漢字では
「月夜茸」と
記述される
光るきのこ！

## ツキヨタケ

学　名　*Omphalotus guepiniformis*
分　類　**ツキヨタケ属**
別　名　—

| 分布地域 | 世界全域 |
|---|---|
| 環境・場所 | 広葉樹の切り株や倒木 |
| 発生時期 | 夏〜秋 |

# 消費量世界一
# キング・オブ・きのこ

表面は
品種によって
白色や褐色など
傷つくと赤褐色の
変色が！

ヨーロッパで
古代ギリシア
古代ローマの時代から
自然発生していた
ものを利用していた

17世紀頃に
フランスなどで
人工栽培が行われる
ようになったと
いわれる

世界で最も
栽培・消費
されている

成熟すると
傘は平らに開き
大きなものでは
20cmにも達する

## ツクリタケ（マッシュルーム）

| 学　名 | *Agaricus bisporus* |
|---|---|
| 分　類 | ハラタケ属 |
| 別　名 | マッシュルーム、セイヨウマツタケ |

| 分布地域 | 欧州の冷温帯から暖温帯 |
|---|---|
| 環境・場所 | 栽培種であるが、まれに自生 |
| 発生時期 | 夏から秋 |

食用

# 教えて！きのこ博士

## きのこがギネス世界記録に認定されたって本当？

2014年に「世界一長い食用きのこ」として、長さ59cm、重さ3,580gの巨大なエリンギがギネス世界記録に認定されておる。

### きのこ総合企業のホクトのチャレンジ

一般的なエリンギに比べると、長さが約10倍、重さが約70倍にもなるが、特別な品種じゃなくて、スーパーなどで市販されているエリンギと同じ品種。誕生するきっかけは、きのこ総合企業のホクトが創業50周年を記念し、「ギネス世界記録」を目指す一大プロジェクトとして挑戦。このメンバーに選ばれたのが、同社きのこ総合研究所の松倉聖史さんと高野克太さん。「当社には長年、きのこ栽培で培ってきた技術がありましたから、できて当たり前という雰囲気がありました」と、当時のプレッシャーを語る高野さん。

### 成功の秘訣は失敗？

約半年、育てたきのこの数は100個以上と試行錯誤の末、ようやく成功させることができた。成功の秘訣は失敗から生まれたそうじゃよ。「私が設定を間違えて、光の量を予定より多くしてしまったんです。すると、大きくきれいなエリンギが育っていました」と松倉さん。現在、このきのこは樹脂加工され、きのこ総合研究所内のガラスケースに展示されているそうじゃよ。

ギネス世界記録に認定された「世界一長い食用きのこ」を持つ松倉さん（左）と高野さん（右）。

# 湿度に敏感
# きのこの晴雨計

クリのような
コロコロとした
形から「土栗」と
呼ばれる

またか…

外皮は
"乾いた日には閉じ
湿った日には開く"
という驚きの特徴が
ある

成熟しても
5cm程度

そのため
「星形の湿度計」や
「きのこの晴雨計」
とも呼ばれて
いる！

外皮が
柿のへたに
似ていることから
「土柿」と呼ばれる
こともある

食用には
向かない

## ツ チ グ リ

| 学　名 | *Astraeus hygrometricus* |
|---|---|
| 分　類 | ツチグリ属 |
| 別　名 | ツチガキ |

| 分布地域 | 世界全域 |
|---|---|
| 環境・場所 | 各種林内の地上 |
| 発生時期 | 夏〜秋 |

# きのこ界の
# ニューフェース！

傘の
大きさは
5〜10cm

学名に
「美しい」を
意味する
「decorosa」が
つく

全身を
覆う"トゲ"は
正式には"鱗片"
と呼ぶ

海外では
食用とされている
が…日本では
食毒不明

日本ではじめて
採取されたのは
1989年！
最近やっと図鑑に
載りはじめた

## ツノシメジ

学　名　*Leucopholiota decorosa*
分　類　ツノシメジ属
別　名　―

| 分布地域 | 世界全域 |
|---|---|
| 環境・場所 | ブナ、シラカバなどの広葉樹の枯れ木や倒木 |
| 発生時期 | 夏〜秋 |

# テングのうちわで
# 近寄るハエをメッタ切り?

傘は5～10cm
白いイボがあり
半球形
円錐形から平らに
なる

テングタケの
有毒成分の一つに
"ハエを殺す成分"
があるので…
「蠅取茸」とも
呼ばれている

破っ!

漢字で
書くと
「天狗茸」

ベニテングタケ
よりも
強い毒性を
持つ

## テングタケ

| | |
|---|---|
| 学 名 | *Amanita pantherina* |
| 分 類 | テングタケ属 |
| 別 名 | ヒョウタケ、ハエトリタケ |

| | |
|---|---|
| 分布地域 | 北半球温帯以北 |
| 環境・場所 | 針葉樹林や広葉樹林内の地上 |
| 発生時期 | 夏～秋 |

# カサはないけど
# アミガサって呼ばれます

アミアミは
ヒダと似た働きを
する部位が表面に
表れている
状態

漢字で書くと
「尖り編笠茸」

全体の
高さは
8〜15cm

生で食べると
中毒を起こすと
言われている

アミガサタケと
比べると頭が
尖っていて
色が黒っぽいのが
特徴

実は中が
"スカッ"と空洞
持ってみると
意外と軽い

## トガリアミガサタケ

学　名　*Morchella conica*
分　類　アミガサタケ属
別　名　—

| 分布地域 | 日本、欧州、中国など |
|---|---|
| 環境・場所 | 林内、道端などの地上 |
| 発生時期 | 春 |

食用

# 草地の中で
# インスタ映え!!

鮮やかな
赤色で非常に
存在感がある♥

傘に
"ぬめり"が
あるのが特徴
分類学上は
「ヌメリガサ科」に
属します

漢字で
書くと
（トガリベニヤマタケ）
「尖紅山茸」

"ぬめり"が
見る角度によって
キラキラと輝いて
見える

傘の直径は
15 ～ 60 mm

## トガリベニヤマタケ

学　名　*Hygrocybe acutoconica var. cuspidata*

分　類　アカヤマタケ属

別　名　一

| 分布地域 | 日本、中国、北米 |
|---|---|
| 環境・場所 | 林縁の明るい草地 |
| 発生時期 | 春～秋 |

# 危険な毒を持つ
# 美しき死の天使

海外で
「破壊の天使」や
「死の天使」と
いった名前で
恐れられている…
危険な妻きのこ！

日本では
"食べた人がやたら
に命を落とす"
ことから
「ヤタラタケ」と
いった地方名が
付けられている

白く
柄の表面には
ササクレがあり
根元にツボが
ある

美しい姿が
森の中でとても
目立つため
写真家の方々にも
ファンが多い❤

## ドクツルタケ

| | |
|---|---|
| 学　名 | *Amanita virosa* |
| 分　類 | テングタケ属 |
| 別　名 | デストロイングエンジェル、シロコドク、テッポウタケ |

| 分布地域 | 北半球一帯 |
|---|---|
| 環境・場所 | 針葉樹林、広葉樹林の地上 |
| 発生時期 | 初夏〜秋 |

# 教えて！ きのこ博士

## 毒を持っているきのこってどんな種類があるの？

きのこには毒成分（自然毒）を持つものもあるのじゃあ。自然毒を含むきのこによる食中毒は、ウイルスや細菌による食中毒と比べると件数、患者数はそれほど多くはないんじゃ。ただ、まれに死に至る場合もあるので注意が必要じゃよ。

## 本書に収録された主な毒きのこの成分と症状

| | | 主な毒成分 | 主な症状 |
|---|---|---|---|
| スギヒラタケ |  | 不明 | 意識障害、不随意運動、上肢のふるえ、下肢脱力など |
| タマゴタケモドキ |  | アマトキシン類 | 下痢、嘔吐、腹痛、肝臓肥大、黄疸、胃腸の出血、死に至る場合も |
| ツキヨタケ |  | イルジン S、イルジン M、ネオイルジン | 嘔吐、下痢、腹痛、幻覚、痙攣など |

| | | |
|---|---|---|
| テングタケ | <br>**主な毒成分**<br>イボテン酸、ムッシモール、スチゾロビン酸、ムスカリン類、アマトキシン類、アリルグリシン、プロパルギルグリシン 150 | **主な症状**<br>嘔吐、下痢、腹痛など胃腸消化器の中毒症状が現れる。そのほかに、神経系の中毒症状、縮瞳、発汗、めまい、痙攣、呼吸困難など |
| ドクツルタケ | <br>**主な毒成分**<br>アマトキシン類、ファロトキシン類 | **主な症状**<br>嘔吐、下痢、腹痛、肝臓肥大、黄疸、胃腸出血など。死亡する場合も |
| ベニテングタケ | <br>**主な毒成分**<br>イボテン酸、ムッシモール、ムスカリンなど | **主な症状**<br>下痢、嘔吐、腹痛、めまい、錯乱、運動失調、幻覚、興奮、抑うつ、痙攣など。まれに死に至ることも |

詳しくは、厚生労働省のホームページにある「自然毒のリスクプロファイル」を参照してください。
https://www.mhlw.go.jp/stf/seisakunitsuite/bunya/kenkou_iryou/shokuhin/syokuchu/poison/index.html

## ソックリさん注意！　中毒例が多いきのこ

タマゴタケ

(毒)ベニテングタケ

ヒラタケ

(毒)ツキヨタケ

食べられるきのこと似ているために中毒例が多いきのこじゃあ。ベテランでも騙されるかもしれんぞ。

# 別名は
# モグラノセッチンタケ？

傘は饅頭形から
平らに開き
淡い粘土色〜白色
柄の長さは
8〜15cm

湿った
場所では粘性が
ある

「白いマツタケ」
の愛称を
持つ

## ナガエノスギタケ

| | |
|---|---|
| 学 名 | *Hebeloma radicosum* |
| 分 類 | ワカフサタケ属 |
| 別 名 | シロマツタケ、<br>モグラノセッチンタケ |

| | |
|---|---|
| 分布地域 | 日本、欧州 |
| 環境・場所 | モグラ類の巣付近の排泄所跡から |
| 発生時期 | 秋 |

# 凛々しい姿の
# ナギナタタケ

高さ約10cmで
鮮やかな黄色

昔からの
武器である "薙刀"
に似ている
ことから…名前が
付けられた！

ヤ———！

ビッ

学名の
「fusiformis」は
ラテン語で
fus（紡錘）
form（形状）

## ナギナタタケ

学　名　*Clavulinopsis fusiformis*
分　類　ナギナタタケ属
別　名　―

| 分布地域 | 日本、欧州、北米、オーストラリア |
|---|---|
| 環境・場所 | 各種林内の地上 |
| 発生時期 | 夏〜秋 |

# 味噌汁との
# 相性バツグン

傘は
赤褐色～黄土色で
柄にゼラチン質の
ツバがある

日本人が
1933年に発見した
際に命名した
「Pholiota nameko」
という学名が使用
されていたが…

1850年の報告が
見つかったため
「Pholiota
microspora」
に学名が修正
された！

柄は5cm前後
傘は3～8cm

"ぬめり" が
大きな特徴の
食用きのこ

## ナメコ

| | |
|---|---|
| 学　名 | *Pholiota microspora* |
| 分　類 | スギタケ属 |
| 別　名 | ― |

| | |
|---|---|
| 分布地域 | 日本、台湾 |
| 環境・場所 | ブナの広葉樹の倒木や枯れ幹、切り株 |
| 発生時期 | 秋～晩秋 |

食用

# ナメコをもっと詳しく知ろう！

ナメコ独特のあの「粘液（ヌメリ）」は、ムチンといって栄養価が高いんだよ！ナメコには❶胃の粘膜を保護する、❷免疫力を高める、❸腸内環境を整える働きがある。つるんとのど越しがいいので、積極的に食べて健康アップを。

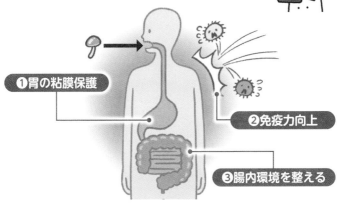

**❶胃の粘膜保護**

**❷免疫力向上**

**❸腸内環境を整える**

## ナメコをおいしく食べるコツ

**その1**
**洗い方**

ざるに入れて、さっと水洗いを。ヌメリを取りのぞきすぎないように注意。

**その2**
**茹で方**

水からゆっくり加熱する。沸騰した鍋に市販のナメコを袋から直接入れるのは✕。

**その3**
**ヌメリを増やす方法**

水洗いしたナメコを容器に入れ、ヒタヒタになる程度の水を加えて一晩冷蔵庫で寝かせる。驚くほどヌメリが多くなる。

### ナメコの味噌汁の作り方

材料（2人分）　豆腐1丁、ナメコ1袋、青ネギ適量、出汁、味噌適量

作 り 方　水に出汁（粉末でもOK）、ナメコと豆腐を加えて加熱し、火が通ったら味噌を溶かし、最後に青ねぎを散らして出来上がり。

# おいしいナラタケには
# ご用心!!

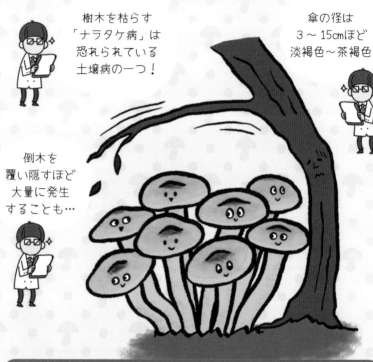

樹木を枯らす
「ナラタケ病」は
恐れられている
土壌病の一つ!

傘の径は
3〜15cmほど
淡褐色〜茶褐色

倒木を
覆い隠すほど
大量に発生
することも…

## ナラタケ (広義)

学　名 *Armillaria mellea*
分　類 **ナラタケ属**
別　名 **ボリボリ、ナラモタセ、オリミキ**

| 分布地域 | ユーラシア、北米、アフリカ |
|---|---|
| 環境・場所 | 広葉樹や針葉樹の枯れ木 |
| 発生時期 | 春〜秋 |

食用

# 赤紅色きのこは
# カブトムシの香り

傘は直径
2〜4cm
群れになって
発生

乾燥している
時には傘表面が粉状
空気が湿っている
時には傘が粘性を
帯びる

美しい
赤紅色なので
漢字では
「匂小紅茸」と
書く❤

"カブトムシ"
のようなにおいが
する

## ニオイコベニタケ

| 学　名 | *Russula bella* |
| 分　類 | ベニタケ属 |
| 別　名 | 一 |

| 分布地域 | 日本、朝鮮半島、中国 |
|---|---|
| 環境・場所 | マツ科、ブナ科の樹下 |
| 発生時期 | 夏〜秋 |

# ゼリー状の
## プルプル食感？

傘は径4cm
反円形～扇形
ゼラチン質の
ため透明感が
ある！

食べると
クセがなく
不思議な舌触りの
食感♥

ペロッ

傘の裏面に
長円錐状のトゲが
密集しており…
猫の舌のように
見えるため
「ネコノシタ」とも
呼ばれている

## ニカワハリタケ

| 学 名 | *Pseudohydnum gelatinosum* |
|---|---|
| 分 類 | ニカワハリタケ属 |
| 別 名 | ネコノシタ |

| 分布地域 | 日本など |
|---|---|
| 環境・場所 | 針葉樹の切り株や根元から |
| 発生時期 | 秋 |

食用

# サンゴのような
# オレンジ色

群れに
なってたくさん
生えることも
単独でポツンと
生えることも
ある！

先端に
向かって分岐を
繰り返していき
サンゴ状になる

夏の太陽を
連想させる
鮮やかな
オレンジ色

全長は
2.5〜6cm

## ニカワホウキタケ

| 学 名 | *Calocera viscosa* |
| --- | --- |
| 分 類 | ニカワホウキタケ属 |
| 別 名 | ― |

| 分布地域 | 北半球の温帯以北 |
| --- | --- |
| 環境・場所 | 苔の生えた針葉樹の枯れ木など |
| 発生時期 | 夏〜秋 |

# "ぬめり"すぎな
# ヌメリスギタケ

素手で触ると
簡単には落ちない
粘液が付着して
しまう

トゥル〜!!

ヌメリすぎっ!

傘の
大きさは
8〜12cm

「スギタケ」
という名前だが…
実際はブナ等の
広葉樹の倒木に
発生

ナメコに近い
味と食感
傘は柔らかく
柄はシャキシャキ♥
たまにアクの
強い個体も…

## ヌメリスギタケ

| 学　名 | *Pholiota adiposa* |
|---|---|
| 分　類 | スギタケ属 |
| 別　名 | ― |

| 分布地域 | 日本 |
|---|---|
| 環境・場所 | 広葉樹の切り株など |
| 発生時期 | 夏〜秋 |

食用

# ハタケのシメジも
# おいしいよ！

傘の大きさは
4〜9cm
柄は5〜8cm

漢字では
「畑湿地」と
書く

カキシメジなど
ハタケシメジに
良く似た毒きのこ
もある

数本
または株に
集まって発生する
特徴があり！
群生することが
多い

ホンシメジに
引けを取らない
素晴らしい
風味を持つ♥

## ハタケシメジ

学　名 *Lyophyllum decastes*
分　類 **シメジ属**
別　名 一

| 分布地域 | 北半球温帯 |
|---|---|
| 環境・場所 | 道端、草地 |
| 発生時期 | 梅雨時や秋 |

食用

# 季節を告げる
# ハツタケなんです！

正岡子規
松尾芭蕉
小林一茶らが
ハツタケをテーマに
たくさんの句を
詠んでいる

和名では
「初茸(ハツタケ)」と書く！
和名のごとく
きのこ狩りシーズンの
初めに発生する

傷がつくと…
傷口から
"暗赤色の乳液"
が出る

乳液や
傷ついた部分は
次第に青や緑に
変色していく

サラリ！

初茸を
握りつぶして
笑ふ子よ

傘径は
5〜10cm

## ハツタケ

| | |
|---|---|
| 学 名 | *Lactarius hatsudake* |
| 分 類 | チチタケ属 |
| 別 名 | ロクショウハツタケ |

| | |
|---|---|
| 分布地域 | 日本、中国、韓国 |
| 環境・場所 | アカマツ、クロマツなどの林内の地上 |
| 発生時期 | 夏〜秋 |

食用

# カレンな見た目だが
# 大掃除もできる

傘は
0.8～1.5cmと
かなり小柄
小さすぎるので
食用には不向き
食毒も不明

名前に
「オチバ」と
あるのは落ち葉を
分解して生きて
いるため

は

「森のお掃除役」
と呼ばれる
ことも

「押し花」ならぬ
「押しきのこ」で
楽しむのが
オススメ❤

ムシャ ムシャ

モグ モグ

## ハナオチバタケ

| 学 名 | *Marasmius pulcherripes* |
|---|---|
| 分 類 | ホウライタケ属 |
| 別 名 | ― |

| 分布地域 | 日本、中国、台湾、北米 |
|---|---|
| 環境・場所 | 針葉樹の落葉 |
| 発生時期 | 夏～秋 |

# 栄養タップリな
# カリフラワーマッシュルーム

端がフリルの
ようになっていて
白い花びらのように
見えるため
「ハナビラタケ」と
付けられている

免疫を活性化
させるβグルカンが
多く含まれていると
言われており…

その成分が
サプリメントや
化粧品に使われ
例もある

海外では
「カリフラワー
マッシュルーム」
とも呼ばれて
いる

株の大きさが
直径50㎝くらいに
なるものも
ある

## ハナビラタケ

学　名　*Sparassis crispa*
分　類　ハナビラタケ属
別　名　ツチマイタケ、マツマイタケ

| 分布地域 | 日本、中国、韓国、欧州、北米 |
|---|---|
| 環境・場所 | マツやカラマツ、ツガなどの根元や切り株から |
| 発生時期 | 夏〜秋 |

食用

# 木の幹でみつかるから「ハナビラ」なの！

空気が乾いているときは縮んで硬くなり色も濃くなる

漢字では「花弁膠茸」と書く

無味無臭でクセがないためキクラゲのように調理できる！

雨が降って水気をおびるとプリッとした外見になる

## ハナビラニカワタケ

| 学　名 | *Tremella foliacea* |
|---|---|
| 分　類 | シロキクラゲ属 |
| 別　名 | ― |

| 分布地域 | 世界全域 |
|---|---|
| 環境・場所 | 広葉樹の幹など |
| 発生時期 | 秋 |

食用

# 見た目はキレイだが
# 毒がある

珊瑚状で
橙紅色～汚桃色
肉の傷部分は
白から赤褐色へ

ホウキタケは
美しい食用きのこ
でしたが…
ハナホウキタケは
有毒！

ホウキタケは
根元が塊状
ハナホウキタケは
根元から枝分かれ
している

学名は
「Ramaria ＝枝」
「formosa ＝美しい」で
多くの人に美しい
とされていることが
分かる♥

## ハナホウキタケ

学　名　*Ramaria formosa*
分　類　ホウキタケ属
別　名　—

| 分布地域 | 世界全域 |
|---|---|
| 環境・場所 | 広葉樹林内の地上 |
| 発生時期 | 秋 |

# お茶碗からお皿まで
# 変化が楽しい！

直径2〜6cm
はじめは茶碗の
ような形で
だんだんと広がり
皿型になる

は

"捨てられた
オレンジの皮の
ように見える！"
と英語圏では
「Orange-peel Fungus
（オレンジの皮の
ようなきのこ）」

食用としては
活躍の場が
少ないきのこ

## ヒイロチャワンタケ

| 学 名 | *Aleuria aurantia* |
| --- | --- |
| 分 類 | ヒイロチャワンタケ属 |
| 別 名 | ― |

| 分布地域 | 日本、インド、北米、欧州 |
| --- | --- |
| 環境・場所 | 林内あるいは林道脇の草地 |
| 発生時期 | 秋 |

# おしゃれなボディに
# 芸術家もヒトメボレ

傘は
淡褐色で生長すると
黒くなり…
最後は溶けて
しまう

有毒で
アルコールと
一緒に食べると
吐き気や動悸など
中毒を起こす

傘は
のちには鐘形から
菅笠形になり
最後は縁部分が
反り返る

ヒダは
はじめ白く周辺から
紫褐色を経て
黒色になる

## ヒトヨタケ

| | |
|---|---|
| 学　名 | *Coprinopsis atramentaria* |
| 分　類 | ヒメヒトヨタケ属 |
| 別　名 | ― |

| 分布地域 | 世界全域 |
|---|---|
| 環境・場所 | 庭や畑、道端などの地上 |
| 発生時期 | 春〜秋 |

# 教えて！ きのこ博士

## きのこの生産量が多い県はどこ？

> データによると、きのこの生産量日本一は
> 長野県じゃ。

### きのこ生産量 No. 1 は長野県！

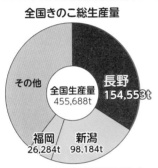

**全国きのこ総生産量**

全国生産量
455,688t

長野
154,553t

その他

福岡
26,284t

新潟
98,184t

出典：令和元年特用林産基礎資料より作成

秋の食材と思われがちなきのこじゃが、最近では一年中、安定してスーパーなどの店頭で販売されておるぞ。データによるときのこの生産量日本一は長野県じゃ。また、総務省の令和元年の家計調査によると、きのこ消費額の全国平均は 856 円で、トップ 3 の県は、秋田県（1,592 円）、山形県（1,354 円）、長野県（1,319 円）になっておるぞ。

### 生産量の推移でわかる最新人気のきのこ

最近の消費者に人気のきのこ御三家は、「エノキタケ」「ブナシメジ」「生シイタケ」。そのうち、長野県はエノキタケとブナシメジの 2 つがトップシェアを占めておるぞ！

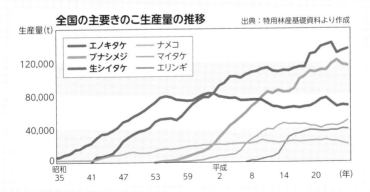

**全国の主要きのこ生産量の推移**　　出典：特用林産基礎資料より作成

生産量(t)

- エノキタケ
- ブナシメジ
- 生シイタケ
- ナメコ
- マイタケ
- エリンギ

120,000

80,000

40,000

0

昭和 35　41　47　53　59　平成 2　8　14　20　(年)

107

# おいしいのは
# ヒラタケ

料理に
向いているため
広く人工栽培され
若いものは
「しめじ」の名で
販売されている

妻きのこの
ツキヨタケに
似ている

傘は
径5〜15cm
幼いころは饅頭形
生長するにつれて
貝殻形や漏斗形に
変化

柄が短く
傘の端について
いることから
「カタハ」と呼ぶ
地域もある

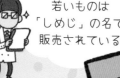

## ヒラタケ

| | |
|---|---|
| 学　名 | *Pleurotus ostreatus* |
| 分　類 | ヒラタケ属 |
| 別　名 | カンタケ、カタハ、カタヒラ、ワカエ |

| | |
|---|---|
| 分布地域 | 世界全域 |
| 環境・場所 | 広葉樹の切り株や倒木などから |
| 発生時期 | ほぼ一年中 |

食用

# フサフサ綿毛の
# フサクギタケ

食用だが…
味はほとんどなく
特徴もあまり
ない

傘の
直径は
2〜5cm

表面は
汚橙色〜淡黄褐色
綿毛に覆われて
いる

高山性で
日本ではモミや
ツガ類が生える
ような標高の高い
ところで観察する
ことができる

学名の
「tomentosus」には
"ビロード状の
毛のある"という
意味がある

## フサクギタケ

学　名　*Chroogomphus tomentosus*
分　類　**クギタケ属**
別　名　—

| 分布地域 | 日本、北米 |
|---|---|
| 環境・場所 | 高地の針葉樹林下 |
| 発生時期 | 夏〜秋 |

109

# 探すのがムズカシイ
# 天然スター！

ブナの巨大倒木に
発生するため
「ブナシメジ」と
名前が付けられた

発生時期
を的中させて
見つけてくることは
かなり難しい

天然の
ブナシメジは
1本〜数本で
生えてくる

栽培の
ブナシメジは
何本も集まって
ひと株になる

傘表面の
大理石模様が特徴
学名の「marmoreus」
は大理石を意味
する

天然

## ブナシメジ（天然）

| 学 名 | *Hypsizygus marmoreus* |
|---|---|
| 分 類 | シロタモギタケ属 |
| 別 名 | — |

| 分布地域 | 北半球温帯以北 |
|---|---|
| 環境・場所 | 広葉樹の倒木や切り株 |
| 発生時期 | 秋 |

食用

# 教えて！きのこ博士

## 日本にも高級食材のトリュフが自生しているの？

1976年に鳥取で自生が確認されて以来、今日では北海道から宮崎まで広く分布しているのが確認されておる。ここでは一般的なきのこと異なるトリュフの特性について教えよう。

### 地中にできる塊状のきのこ

一般的なきのこは、傘、ひだ、柄があり地表に生えるが、トリュフはジャガイモのような塊状で、地下にできる。内部は胞子が詰まったマーブル状の模様が特徴だ。

### 独特の強い香り

トリュフは成熟すると、強い香りを放つようになる。どんな香りかというと、黒トリュフが「土や森の香り」「上品なスパイスの香り」、白トリュフは黒トリュフよりも濃厚で、「バターやアーモンドの香り」がすると言われておる。

### 世界中に分布

世界にはトリュフの仲間が約180種類も確認されておるが、料理に使われるのは主にヨーロッパ産のトリュフ。長年ヨーロッパだけにしか生息していないと思われていたが、アジアでも遺伝子の違う黒トリュフが見つかっている。日本には約20種類あるといわれ、「国産トリュフ」の人工栽培に向け、技術開発が進められておるぞ。

### 収穫に豚や犬が活躍

トリュフの収穫は、地中に埋まっている小さなものを探さなければならないので人間だけではむずかしく、フランスなどでは雌豚の嗅覚を使って探すのが一般的。これは、トリュフの香りが雄豚のフェロモンに似ているから。イタリアでは訓練された犬に探させることが多いそうじゃ。

# 教えて！きのこ博士

## どんなきのこが人工栽培できるの？

人工栽培のきのこのほとんどは「腐生性（ふせいせい）きのこ」なんじゃよ。

### 菌根性（きんこんせい）と腐生性（ふせいせい）

自然界のきのこには、「共生」と「分解」という2つの大きな働きがある。共生とは、栄養をもらう代わりに、宿主（木や植物など）の生長を助け乾燥や病気などへの抵抗力を高める働きのこと。その働きを担っているのが「菌根性（きんこんせい）きのこ」と呼ばれる。もう一つの「分解」とは、腐りにくい木の幹や落ち葉の分解を助ける働きのことで、この働きを担っているのが「腐生性（ふせいせい）きのこ」なんじゃよ。

### 人工栽培しやすい腐生性きのこ

死んだ植物などを栄養にする腐生性きのこは、人工栽培しやすい。主にヒラタケ、エリンギ、エノキタケ、シイタケ、ナメコ、マッシュルーム、マイタケなどが人工栽培されているんじゃ。

天然と人工栽培のエノキタケはまるで別モノじゃ。

天然のエノキタケ

人工栽培のエノキタケ

### 主な栽培方法

| | | 栽培されるきのこ |
|---|---|---|
| 菌床栽培（きんしょう） | 容器の中におがくずや米ぬかなどを入れた「菌床」で栽培すること。 | エリンギやエノキタケなど。 |
| 原木栽培（げんぼく） | 「ほだ木」と呼ばれる木材に菌糸を植え付けて栽培すること。 | シイタケ※ |
| 堆肥栽培（たいひ） | 家畜の排泄物、わら、堆肥などを混ぜた土に菌糸を植えて付けて栽培すること。 | マッシュルーム |

※最近ではシイタケも菌床栽培が主流となっている。

# きのこといえば
# このスタイル

赤色の傘に
白色のイボがある
柄は白く
基部が膨らむ

条件が良ければ
輪になって大量に
発生している

食べると…下痢や
嘔吐・幻覚症状を
起こす可能性が
ある

おとぎ話の
絵本やアニメ
雑貨などに登場する
代表的なきのこ

有毒だが
長野県の一部の
地域では毒抜き
（塩漬け）で
食べることも…

## ベニテングタケ

学　名　*Amanita muscaria*
分　類　**テングタケ属**
別　名　—

| 分布地域 | 北半球や南半球の温暖〜寒冷地域 |
|---|---|
| 環境・場所 | シラカバなどの林 |
| 発生時期 | 夏〜秋 |

113

# 教えて！ きのこ博士

## きのこは工場でどうやって作っているの？

エノキタケやシイタケ、マイタケ、エリンギなど、食卓を彩るさまざまなきのこたち。最近はスーパーなどで1年中手に入るようになっている。きのこをどうやって工場で生産しているのか。その秘訣をきのこの生産で全国トップシェアを誇るホクト株式会社から探ってみた。

## きのこができる7つの工程

**詰め込み**
トウモロコシの芯を砕いた「コーンコブミール」に米ぬかや水などを加えてよく混ぜた、きのこの培地を栽培容器に詰め込む。

**殺菌**
高圧殺菌釜に入れて殺菌し、培地を無菌状態に。

**種菌接種**
雑菌が入らないように無菌室で、きのこの菌を培地に植える。

114

**培養**
培養室は適度に温かく、湿気も十分な「夏の森」の環境を維持。

**菌かき**
培地の表面をかき取って、刺激を与えて菌を活性化する。

**芽出し・生育**
「秋の森」のようにしっとりとした薄暗い環境に置くことできのこが芽を出す。

**収穫・包装**
全自動で収穫された後、丁寧に検品して出荷される。

> 農薬は一切使わず、ほとんど人の手が触れることなく、全自動で作られておるから、ホクトのきのこは安心・安全なんじゃよ！

# 落ち葉に咲いた
## 花びらみたい

黄～黄褐色で
頭部が扁平な
へら形
高さ2～6cm

箆に似ている
ことから
漢字では「箆茸(ヘラタケ)」
と書く

食妻は不明で
一般的に
食用きのことは
されていない

学名の
「Spathularia」も
"へら状の"という
意味がある

まとまって
発生する
特徴を持つ

## ヘラタケ

学 名 *Spathularia flavida*
分 類 **ヘラタケ属**
別 名 ー

| 分布地域 | 日本 |
|---|---|
| 環境・場所 | 広葉樹の切り株など |
| 発生時期 | 夏～秋 |

# ホウキタケは
# 食べられます

成熟すると
先端が灰褐色に
なることが
あるため

見た目から
「箒茸」と名付け
られた！

食用
としても優秀！
キホウキタケや
ハナホウキタケは
よく似ているが有毒
なので注意！

ネズミの足指に
例えて
「ネズミアシ」と
呼ぶ地域もある

サンゴ状で
白く先端は
淡赤色

高さも
傘の直径も
15cmほど

## ホウキタケ

| 学 名 | *Ramaria botrytis* |
|---|---|
| 分 類 | ホウケタケ属 |
| 別 名 | ネズミタケ、ネズミアシ |

| 分布地域 | 日本、欧州、北米 |
|---|---|
| 環境・場所 | 雑木林や標高の高いコメツガ林の地上 |
| 発生時期 | 秋 |

食用

117

# 教えて！きのこ博士

## 身近なきのこを楽しむには どうすればいい？

家の庭をはじめ、公園や街路樹など身近な場所で野生のきのこを見つけることができるのじゃ。写真に撮り、名前や特徴、発見した場所日時などを記録して自分だけのきのこ図鑑つくってみよう！

## 身近なきのこスポット

| | | | |
|---|---|---|---|
| 庭や公園 | 自宅の庭や近所の公園などは最も身近なきのこスポット。 | 出合える主なきのこ<br>アミガサタケ、エノキタケ、カンゾウタケ、キララタケ、コガネタケ、シイタケ、ナラタケ、ヒトヨタケなど。 | コガネタケ |
| 畑や果樹園 | 雑草が多い場所に注目。あぜや畝、ビニールハウスの脇、堆肥の山などに生える。 | 出合える主なきのこ<br>エノキタケ、オニフスベ、ハタケシメジなど。 | オニフスベ |
| 竹林 | 種類は多くないが、雑草が少ないためにきのこを見つけやすいスポット。 | 出合える主なきのこ<br>キヌガサタケ。 | キヌガサタケ |
| 草地 | 明るい環境を好む珍しいきのこに出合えるかも。生い茂った草むら、木陰、人が歩かないような隅を探してみよう。 | 出合える主なきのこ<br>カラカサタケ、コガネタケ、ササクレヒトヨタケなど。 | カラカサタケ |

## フィールドできのこを観察しよう！

生き物の名前を調べることを「同定」というのじゃ。きのこの同定の仕方を伝授しよう。

### ●図鑑で調べる

最も基本的な方法。手がかりとなるのが「形質」。サイズや色、形など目に見える特徴をメモ。その上で、知りたいきのこの写真を撮って、図鑑と照らし合わせて同定する。とくにきのこの写真を撮る場合、傘の表面や裏側、柄の部分、根元などのパーツ写真があると鑑定しやすい。

### ●ＳＮＳを活用する

図鑑での同定が難しい場合は、ネットを活用しよう。きのこの写真を撮って、撮影した場所と日時、「形質」などを明記して、WEB サイトに投稿しよう。

### ●すみずみまで観察する

珍しいきのこを見つけたら、拡大して形質を調べる。その際、ルーペと同様に役立つのが、スマホに取り付け可能なマイクロレンズだ。100円ショップでも売られているので、きのこの観察＆撮影には重宝する。

| 持ち物と服装 | ピンセット、小筆、刷毛など | 撮影の際、きのこについたゴミなどを払うのに。 |
|---|---|---|
| | 軍手や手袋 | 枝やゴミを払ったり、けがから手を守るため。 |
| | タッパー型保存容器やトレー | 密閉できる容器を再利用すると便利。トレーを重ねればきのこが痛まないなどの利点がある。 |
| | スマホ＆マイクロレンズ | きのこの写真を撮るのに必携。 |
| | 長袖、長ズボン | 転んでも大丈夫なように動きやすい服装。 |

ホクトのホームページ「きのこらぼ」のコンテンツ
（きのこアルバム https://www.hokto-kinoko.co.jp/kinokolabo/album/）では、野生のきのこを写真と共に紹介中。かわいい壁紙も無料でダウンロードできますよ♪

# 古くから親しまれる
# 食用きのこの横綱

傘は 2 〜 8 ㎝
半球形から饅頭形で
後に平らに開く

「においマツタケ
味シメジ」の
シメジは本来この
ホンシメジの事を
指す！

色は
暗灰褐色〜
淡灰褐色で
かすり模様

スーパーで
売られている
シメジはほとんどが
ブナシメジか
ヒラタケの
栽培品

有妻の
イッポンシメジと
似ているので
注意！

## ホンシメジ

| | |
|---|---|
| 学 名 | *Lyophyllum shimeji* |
| 分 類 | シメジ属 |
| 別 名 | カンコボウ、ヒャッポンシメジ、ダイコク |

| | |
|---|---|
| 分布地域 | 日本 |
| 環境・場所 | 雑木林やマツの混生林の地上 |
| 発生時期 | 秋 |

食用

# 舞い上がって喜ばれるけど
# 見た目はへばりついてます

基部から
太い柄が分岐し
先端は扇形やへら状の
傘となって大きな
株を形成する

「舞茸」の
名前の由来は
「舞っているように
見えるから」

「見つけた人が
舞い上がって
喜んだから」など
諸説あり

ビタミンや
鉄分などの
ミネラルが豊富な
健康食材

チャシカ♪

チャシカ♪

## マイタケ

| 学 名 | *Grifola frondosa* |
|---|---|
| 分 類 | マイタケ属 |
| 別 名 | ― |

| 分布地域 | 北半球や南半球の温帯以北 |
|---|---|
| 環境・場所 | ミズナラ、ブナなどの老木の付近 |
| 発生時期 | 秋 |

食用

121

# きのこを食べよう！ 秋の巻

## きのこと牛肉の芋煮

### 使用きのこ
**ブナシメジ**　**マイタケ**

### 材料（4人分）
ブナシメジ…100 g
マイタケ…100 g
里芋…中3個（200g）
牛肉（薄切り）…180g
万能ねぎ…1本

Ⓐ ┌ 砂糖…大さじ3
　 │ しょう油…大さじ3
　 └ 酒…大さじ2

水……300cc

### 作り方
❶ブナシメジは石づきを切り、マイタケと共に小房に分ける。里芋は一口大に切る。万能ねぎは小口切りにする。
❷鍋に里芋と水を入れて蓋をして中火で里芋が軟らかくなるまで煮る。
❸❷に、きのこ、牛肉、Ⓐを入れて再沸騰したらアクを取り、弱火で5分ほど煮る。
❺器に盛り、万能ねぎを飾る。

### 菌活ポイント
きのこと里芋には腸の老廃物の排出を促す食物繊維たっぷり。食物繊維は噛み応えがあって満腹感を高めるのでダイエット効果も！　良質なタンパク質源である牛肉で栄養バランスもアップ！

食欲の秋だけに、体重が気になる季節。きのこは低カロリーで食物繊維もたっぷりと、理想的なダイエット食品なのでおいしく食べて健康になりましょう。

© 2002 HOKUTO, H・T

# きのこと秋鮭の包み蒸し

## 使用きのこ

| ブナピー | エリンギ |

## 材料（4人分）

ブナピー…100g
エリンギ…100g
なす…2本
りんご…1個
レモン…1個
生鮭…4切れ

A
├ 塩…小さじ1/2
├ こしょう…適量
├ 酒…大さじ1
└ 粒マスタード…大さじ1

## 作り方

❶ ブナピーは石づきを切り小房に分け、エリンギは食べやすい大きさに切る。なすは1cm幅の輪切りにし、りんごは皮ごと5mmほどのくし型に、レモンは薄く輪切りにする。

❷ 鮭は食べやすい大きさに切り、Aで下味を付ける。

❸ クッキングシートにブナピー・エリンギ・鮭・なす・りんご・レモンをのせキャンディー状に包み、湯を1cmほど入れたフライパンに入れフタをして中火で2分、その後弱火で8分ほど蒸す。

### 菌活ポイント

きのこに豊富なビタミンB$_2$は皮膚を健康に保ち、なすのナスニンは肌を傷める活性酸素を取り除き素肌美人に！　きのこのうまみとりんごの甘味、レモンの酸味がおいしい秋らしい一品じゃあ。

123

# サーモンピンクに
## 大きく育つ

とり肉の
ような味がする
変わった
きのこ

鮮やかな
"サーモン
ピンク色"が
名前の由来！

ミヤママスタケ
アイカワタケなど
類似種がとても
多い

食用として
適するのは
若い時の柔らかい
きのこ

漢字で
書くと
「鱒茸」

## マスタケ

| | |
|---|---|
| 学 名 | *Laetiporus cremeiporus* |
| 分 類 | アイカワタケ属 |
| 別 名 | ― |

| 分布地域 | 日本 |
|---|---|
| 環境・場所 | 広葉樹の切り株など |
| 発生時期 | 夏〜秋 |

食用

# 大きくて丈夫な
# 「オウジ」です

生長すると
傘の大きさは
20cm以上になる
こともある！

最大の特徴は
「とても丈夫
である」こと

松脂の
ようなにおいが
する

食用と
することもあり
食感は
シャキシャキ
しているが…

人によっては
中毒症状を起こす
可能性がある

名前の由来は
「松に旺盛に生える
きのこであるため」
という説が有力

## マツオウジ

学　名　*Neolentinus lepideus*
分　類　マツオウジ属
別　名　ー

| 分布地域 | 世界全域 |
|---|---|
| 環境・場所 | マツ類の倒木など |
| 発生時期 | 初夏〜初秋 |

125

# 香りマツタケ…
# やっぱりマツタケ!!

赤松など
マツ属樹木の
根もとに発生
するので
「松茸」!

傘が開くと
強い香りを放つ♥
若いものは
白っぽい

ホクトでも
人工栽培を研究中
難しい課題ですが…
いつの日か成功
させたい!

傘の直径30cm
重さが1本で800g
にもなる巨大な
松茸もある!

## マツタケ

学　名　*Tricholoma matsutake*
分　類　**キシメジ属**
別　名　—

| 分布地域 | 日本、中国、朝鮮半島 |
|---|---|
| 環境・場所 | おもにアカマツ林の地上 |
| 発生時期 | 夏～秋 |

食用

# 教えて！きのこ博士

## きのこの神様っているの？

きのこを祀った「菌神社」という神社が
滋賀県にあるぞ。

### きのこを祀った神社

きのこが祀られている滋賀県の
「菌神社」は1300年以上前に創
建された由緒正しい神社。飢饉
の際に一夜にしてきのこが生え
て人々を救ったとの伝説がある
そうじゃ。

昔は、きのこの
ことを菌と表現
したんじゃ。

### きのこの神様が存在すると実感！

これは、あるきのこの研究員
から聞いた話じゃ。2012年
はマツタケの不作の年だった。
研究員3人で朝から4時間も
山中を探し回り、もうヘトヘ
トで半ば諦めたそうじゃ。で
も、「がんばっている人には、
"きのこの神様"がご褒美を
くれるはず」と誰ともなく言
い出した。ちょうどその瞬間、
1人の研究員がマツタケと目
が合ったそうじゃ。そうして、
1本だけだったが、マツタケ
をゲットできた。「やはりきの
この神様はいる」と3人は実
感したそうじゃ。

127

# 不老長寿の
# 万年タケじゃ

傘の
大きさは
5〜15cm

何年経っても
そのままの形を
保つことから
「万年茸」と
名付けられた

触ると
コルクの様に固く
しっかりした
質感

中国最古の
薬物書である
「神農本草経」には
最上級の薬物
として記載あり！

中国では
「霊芝」と呼ばれ
不老長寿のきのこ
として珍重されて
いる

## マンネンタケ

| 学　名 | *Ganoderma lucidum* |
| --- | --- |
| 分　類 | マンネンタケ属 |
| 別　名 | サルノコシカケ、霊芝など |

| 分布地域 | 中国、日本ほか |
| --- | --- |
| 環境・場所 | 広葉樹林の古株や土に埋もれた木 |
| 発生時期 | 梅雨時〜秋 |

# ムキムキ出てくる
# 山のフカヒレ（？）

傘の大きさは
5〜10cm
多数重なって
発生

皮を簡単に
剥くことができる
ことから
「剥き茸」と名付け
られた

味や香りに
くせのない
食用きのこ

ムキーーッ！

表面は
とても細かい毛で
覆われている
触るとビロードの
ような感触

ツキヨタケと
呼ばれる
よく似た有妻
きのこがある

## ムキタケ

| | |
|---|---|
| 学　名 | *Sarcomyxa serotina* |
| 分　類 | ムキタケ属 |
| 別　名 | ノドヤキ、カタハ |

| 分布地域 | 北半球の温帯以北 |
|---|---|
| 環境・場所 | ミズナラやブナなどの倒木 |
| 発生時期 | 秋 |

食用

# みんなで仲良く
# 輪になって出よう

フランスでは
見た目から
「ピエ・ブルー
（青い足）」と
呼ばれている

日本では
煮物や鍋物
お吸物などにして
食べられて
いる

傘の直径
6〜10cm
柄の長さ
4〜8cm

生食すると
中毒を引き起こす
ことがある

フェアリー
リングを
描くように
発生する

※フェアリーリング：妖精の輪。きのこがきれいな円弧（菌輪 (きんりん)）を描くように群生する現象。

## ムラサキシメジ

| 学　名 | *Lepista nuda* |
| --- | --- |
| 分　類 | ムラサキシメジ属 |
| 別　名 | ― |

| 分布地域 | 北半球、オーストラリア |
| --- | --- |
| 環境・場所 | 雑木林やカラマツの林 |
| 発生時期 | 秋〜初冬 |

食用

# クロハツの上に
# ちゃっかりヤドカリ

和名の「櫓茸」は
まるできのこが
櫓の上にたって
いるかの様に
生えているため

0.4〜2.2cm
と非常に
小ぶり

強烈な
匂いがするので
食用には向いて
いない

きのこに
寄生する
きのこ

## ヤグラタケ

学　名　*Asterophora lycoperdoides*
分　類　ヤグラタケ属
別　名　—

| 分布地域 | 日本 |
|---|---|
| 環境・場所 | 広葉樹の切り株など |
| 発生時期 | 夏〜秋 |

# ピッカピカの
# 発色きのこ

直径２cm位の
小さな小さな
きのこ

日本では
八丈島に
自生

世界で
約100種ある
光るきのこの中で
最も明るい！
と言われている

緑色に
光るその姿から
「グリーンペペ」の
愛称でも親しまれて
います

## ヤコウタケ

| | |
|---|---|
| 学　名 | *Mycena chlorophos* |
| 分　類 | クヌギタケ属 |
| 別　名 | ネズミタケ、ネズミアシ |

| | |
|---|---|
| 分布地域 | 東南アジアの熱帯地域、台湾、日本 |
| 環境・場所 | 広葉樹やヤシ科の木や竹の枯れ木や枝に群生 |
| 発生時期 | 梅雨〜秋 |

# きのこだけど
# うろこでザラザラ

英語圏では
「Birch Bolete
（カバノキのイグチ）」
と呼ばれている

傘の大きさは
直径 5 ～ 8cm
柄の長さは
6 ～ 12cm

学名の
「scabrum」とは
「ざらついた」
という意味

火が
通っていないと
中毒を起こす！
ゆでこぼすまで煮る
など注意が必要

細い鱗で覆われ
ざらざらとした
柄の様子を
表現している

ざらり…

## ヤマイグチ

| 学 名 | *Leccinum scabrum* |
|---|---|
| 分 類 | ヤマイグチ属 |
| 別 名 | ― |

| 分布地域 | 日本、欧州 |
|---|---|
| 環境・場所 | カバノキ類の樹下 |
| 発生時期 | 夏～秋 |

食用

133

# イタリアンな 憎いヤツ！

特に
イタリア人が
好んで食べる
香り高くおいしい
きのこ

傘は赤褐色で
半球形〜平ら
柄は淡褐色で
太い

香りは
生のほうが
格段に良い

ポルチーニとは
「太った」と言う意味
丸くてポテッとした
形がかわいい❤

Bouno!

実は…
日本でも
自生している

## ヤマドリタケモドキ

| | |
|---|---|
| 学　　名 | *Boletus reticulatus* |
| 分　　類 | ヤマドリタケ属 |
| 別　　名 | セップ、ポルチーニ |

| | |
|---|---|
| 分布地域 | 欧州、日本 |
| 環境・場所 | 針葉樹林 |
| 発生時期 | 夏〜秋 |

食用

# ありがたーい
# ご利益きのこ

山伏（やまぶし）が
着る装束にある
丸い飾りによく似て
いることから
「山伏茸（ヤマブシタケ）」と呼ばれる
ようになった

コレ。

あっそう

中国では
「熊の掌」「ふかひれ」
「なまこ」と共に
四大山海珍味の
ひとつに数え
られている

免疫賦活作用や
認知症予防
抗酸化作用などが
あるとされ
数多くの研究が
行われている

長さ
1〜5㎝

や

※山伏（やまぶし）：山野を歩き、仏教の修行をする修験者のこと。

## ヤマブシタケ

学　名　*Hericium erinaceus*
分　類　サンゴハリタケ属
別　名　ハリセンボン、ジョウゴタケ、
　　　　シシガシラ

| 分布地域 | 世界全域 |
|---|---|
| 環境・場所 | 半枯れのナラなどの高い幹 |
| 発生時期 | 秋 |

食用

135

# きのこを食べよう！ 冬の巻

## 栄養たっぷり！ きのこのごま豆乳鍋

© 2002 HOKUTO / H・T

### 使用きのこ

**ブナシメジ** **エリンギ**

### 材料（4人分）

ブナシメジ…100g
エリンギ…100g
白菜…1/4 個
にんじん…40g
水菜…1/2 袋
長ねぎ…1 本
生鮭…2 切
厚揚げ…1 枚
ウインナー…4 本
水…400ml

A
- 無調整豆乳…400ml
- めんつゆ（3倍濃縮）…100ml
- すりごま…大さじ5

ごま油…お好みで

### 作り方

❶ブナシメジは石づきを切り小房に分け、エリンギは半分の長さの薄切りにする。白菜とにんじん・水菜・長ねぎ・鮭・厚揚げは食べやすい大きさに切る。

❷鍋に水ときのこを入れ、ひと煮立ちさせ、弱火にして Ⓐ を加える（豆乳を加えたら沸騰しないようにする）。

❸❷に、野菜と鮭・ウインナー・厚揚げを加えて煮る。お好みでごま油をかける。

❹しめをするならば、他に冷凍うどん、粉チーズ、黒こしょうを入れ、カルボナーラ風うどんがオススメ！

### 菌活ポイント

きのこに豊富な食物繊維が腸を整えて免疫力アップをサポート。白菜に含まれるビタミンCは粘膜を強化してウイルスの侵入をブロック。いろんな栄養が詰まった鍋で寒い冬も元気に！

寒い季節は体が冷えて免疫力が低下しがちです。
きのこたっぷりの熱々メニューで心も体もほっかほかに温まりましょう！

# 2種のきのことブロッコリーの簡単ラザニア

© 2002 HOKUTO / H / T

使用きのこ

**エリンギ**　　**マイタケ**

材料（4人分）
エリンギ…100g
マイタケ…100g
ブロッコリー…1/2 株
合いびき肉…200g
バター…20g
薄力粉…大さじ 2
牛乳…300ml
塩…小さじ 1/2
こしょう…適宜
餃子の皮…12 枚
とろけるチーズ…40g

Ⓐ
ケチャップ…大さじ 4
ウスターソース…大さじ 2
砂糖…小さじ 1
おろしにんにく…小さじ 1

作り方
❶マイタケとブロッコリーは小房に分け、エリンギは食べやすい大きさに切る。
❷耐熱ボウルに合いびき肉とⒶを入れて軽く混ぜ、ふんわりとラップをして電子レンジ（600W）で3分ほど加熱する。レンジから取り出し、全体を混ぜ再度ふんわりとラップをかけ3分ほど加熱する。（水分が多ければ再度 30 秒ずつ加熱する。）
❸鍋にバターを入れ、きのことブロッコリーを炒め、火が通ったら薄力粉を加えて混ぜる。粉っぽさがなくなったら牛乳をダマにならないよう少しずつ加え、塩・こしょうをし、フタをして5分ほど中火で煮る。
❹耐熱皿にバター（分量外）を薄く塗り、❷のミートソース、❸のホワイトソース、餃子の皮の順に繰り返し重ね、最後にチーズをのせる。
❺オーブントースターでチーズに焼き色がつくまで焼く。

### 菌活ポイント
ビタミンB₁の豊富なきのこが体を元気にし、ブロッコリーのビタミンCはストレスや風邪を防ぐ。パーティーメニューに！

# 菌界にようこそ!

## きのこのなかま分け(グループ)を知ろう!

### きのこって何?

きのこは菌類(カビ)のなかまで、子孫を残す時期がくると肉眼で見える器官を形成。それを専門用語で「子実体」と呼ぶ。きのこ＝子実体は胞子をつくる生殖器官であり、植物の花のようなもの。胞子をつくる器官のタイプによって、「担子菌類」と「子のう菌類」の2つのグループに大別できる。

## 担子菌類のきのこのなかまたち

傘と柄があるきのこらしい形をしたなかまが多い。「担子器」と呼ばれる器官で胞子を作って子孫を増やす。日本では4000〜5000種、世界では2万種を超えている。

## 子のう菌類のきのこのなかまたち

一般的なきのこと異なり、でこぼこした形やお皿形のものが多い。見た目がどんな形でも「子のう」という器官で胞子をつくる。

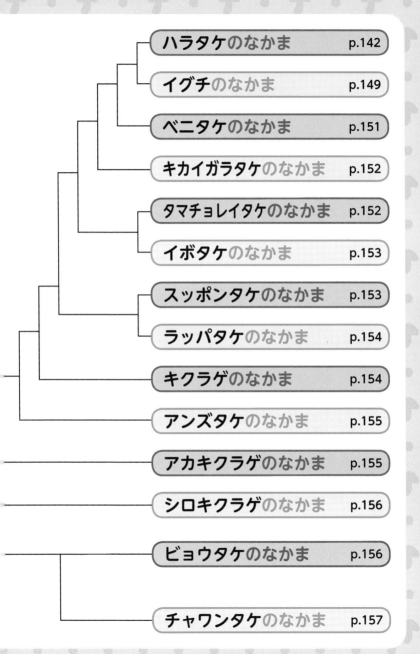

# きのこのライフサイクルを知ろう！

日本だけでも 4000 ～ 5000 種あるといわれるきのこは、昔から森を守り、その環境を維持してきた。乾燥や熱に弱いため、ふだんは菌糸の状態で木や土の中で暮らし、温度や湿度などの条件が整うと子孫を残すためにきのことして地上に姿を現し、植物でいうと種子のような胞子をつくって、子孫を残していく。不思議なきのこのライフサイクルとは？

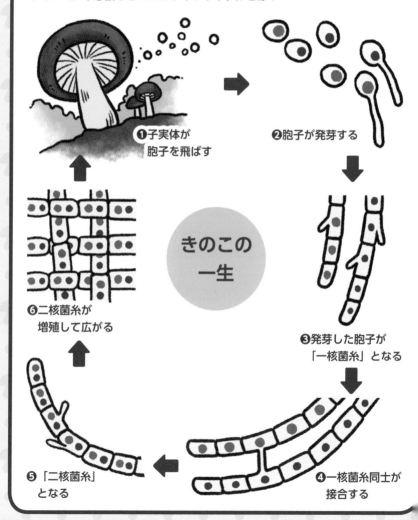

きのこの一生

❶子実体が胞子を飛ばす

❷胞子が発芽する

❸発芽した胞子が「一核菌糸」となる

❹一核菌糸同士が接合する

❺「二核菌糸」となる

❻二核菌糸が増殖して広がる

# 「きのこ検定」で、きのこの知識をチェックしよう!

## きのこ検定とは?

きのこに関する知識や、きのこの楽しさと魅力を伝えるのに役立つ知識の習得度をはかる検定試験。きのこの生物学的特徴だけでなく、きのこ狩りに役立つ知識、効果的に食生活に取り入れる方法、きのこの歴史や文化的なエピソードなど、さまざまな角度から問題が出題される。知れば知るほど楽しいきのこの世界。ぜひ、挑戦して自分自身の実力を知ろう!

### 検定の概要

1. 4級・3級・2級・1級の4つの級があります。
2. 「四者択一方式」のマークシートによる検定で、各100問出題されます。
3. どの級からでも受験可能。年齢・経験などの制限はありません。

それぞれの級が目指すレベル

**4級** 「きのこ世界の入門者」レベル
きのこに関する基礎知識+きのこの世界を楽しく学べる

**3級** 「きのこ世界の住人」レベル
きのこに関する基礎知識+日々の生活や料理に取り入れられる

**2級** 「きのこ世界の案内者」レベル
きのこに関する幅広い知識+日々の生活や料理に活用

**1級** 「きのこ世界の伝道師」レベル
きのこに関する幅広い知識+周囲の人にもアドバイスできる

## 検定の時期や開催場所など「きのこ検定」の詳細

● **きのこ検定公式サイト**
https://www.kentei-uketsuke.com/kinoko/index.html

● **問い合わせ先=きのこ検定運営事務局**
E-mail information@kentei-uketsuke.com

## INDEX さくいん

本書に掲載されているきのこをなかま別に、写真付で属・学名が
わかるようにならべてあります。⮕ p.000 は、くわしい解説がのっ
ているページです。

| | | | |
|---|---|---|---|
| キシメジ科 | | **スギヒラタケ**<br>スギヒラタケ属<br>学名 *Pleurocybella porrigens* | ➔ p.068<br>p.088 |
| | | **ツノシメジ**<br>ツノシメジ属<br>学名 *Leucopholiota decorosa* | ➔ p.083 |
| | | **マツタケ**<br>キシメジ属<br>学名 *Tricholoma matsutake* | ➔ p.126<br>p.043 |
| | | **ムラサキシメジ**<br>ムラサキシメジ属<br>学名 *Lepista nuda* | ➔ p.130 |
| シメジ科 | | **オオシロアリタケ**<br>オオシロアリタケ属<br>学名 *Termitomyces eurhizus* | ➔ p.027 |
| | | **シャカシメジ**<br>シメジ属<br>学名 *Lyophyllum fumosum* | ➔ p.064 |
| | | **ハタケシメジ**<br>シメジ属<br>学名 *Lyophyllum decastes* | ➔ p.099<br>p.118 |
| | | **ブナシメジ（天然）**<br>シロタモギタケ属<br>学名 *Hypsizygus marmoreus* | ➔ p.110<br>p.021<br>p.107 |

| | | | |
|---|---|---|---|
| シメジ科 | | **ホンシメジ**<br>シメジ属<br>学名 *Lyophyllum shimeji* | ➜ p.120 |
| | | **ヤグラタケ**<br>ヤグラタケ属<br>学名 *Asterophora lycoperdoides* | ➜ p.131 |
| シロウメンタケ科 | | **ナギナタタケ**<br>ナギナタタケ属<br>学名 *Clavulinopsis fusiformis* | ➜ p.091 |
| タマバリタケ科 | | **エノキタケ**<br>エノキタケ属<br>学名 *Flammulina velutipes* | ➜ p.018<br>p.021<br>p.107<br>p.112<br>p.118 |
| | | **ツエタケ（広義）**<br>ツエタケ属<br>学名 *Oudemansiella radicata* | ➜ p.078 |
| | | **ナラタケ（広義）**<br>ナラタケ属<br>学名 *Armillaria mellea* | ➜ p.094<br>p.118 |
| ツキヨタケ科 | | **シイタケ**<br>シイタケ属<br>学名 *Lentinula edodes* | ➜ p.061<br>p.107<br>p.112<br>p.118 |
| テングタケ科 | | **カバイロツルタケ**<br>テングタケ属<br>学名 *Amanita fulva* | ➜ p.033 |

145

| | | | |
|---|---|---|---|
| ナヨタケ科 | | **センボンクズタケ**<br>ナヨタケ属<br>学 名 *Psathyrella multissima* | ➔ p.071 |
| | | **ヒトヨタケ**<br>ヒメヒトヨタケ属<br>学 名 *Coprinopsis atramentaria* | ➔ p.106<br>p.118 |
| ヌメリガサ科 | | **オトメノカサ**<br>オトメノカサ属<br>学 名 *Cuphophyllus virgineus* | ➔ p.029 |
| | | **サクラシメジ**<br>ヌメリガサ属<br>学 名 *Hygrophorus russula* | ➔ p.056 |
| | | **トガリベニヤマタケ**<br>アカヤマタケ属<br>学 名 *Hygrocybe acutoconica var. cuspidata* | ➔ p.086 |
| ハラタケ科 | | **オニフスベ**<br>ノウタケ属<br>学 名 *Calvatia nipponica* | ➔ p.031<br>p.118 |
| | | **カラカサタケ**<br>カラカサタケ属<br>学 名 *Macrolepiota procera* | ➔ p.035<br>p.118 |
| | | **ササクレヒトヨタケ**<br>ササクレヒトヨタケ属<br>学 名 *Coprinus comatus* | ➔ p.058<br>p.118 |

| | | | |
|---|---|---|---|
| ハラタケ科 | | **シロカラカサタケ**<br>シロカラカサタケ属<br>学名 *Leucoagaricus leucothites* | |
| | | **ツクリタケ (マッシュルーム)**<br>ハラタケ属<br>学名 *Agaricus bisporus* | |
| ヒラタケ科 | | **エリンギ**<br>ヒラタケ属<br>学名 *Pleurotus eryngii* | |
| | | **タモギタケ**<br>ヒラタケ属<br>学名 *Pleurotus cornucopiae var. citrinopileatus* | |
| | | **ヒラタケ**<br>ヒラタケ属<br>学名 *Pleurotus ostreatus* | |
| ヒドナンギウム科 | | **オオキツネタケ**<br>キツネタケ属<br>学名 *Laccaria bicolor* | |
| ヒメノガステル科 | | **ナガエノスギタケ**<br>ワカフサタケ属<br>学名 *Hebeloma radicosum* | |
| フウセンタケ科 | | **オオツガタケ**<br>フウセンタケ属<br>学名 *Cortinarius claricolor* | |

# ベニタケのなかま

# キカイガラタケのなかま

# タマチョレイタケのなかま

| | | |
|---|---|---|
| マンネンタケ科 |  | **マンネンタケ**<br>マンネンタケ属<br>学 名 *Ganoderma lucidum* |
| | | ➔ p.128 |

# イボタケ の な か ま

| | | |
|---|---|---|
| マツバハリタケ科 |  | **クロカワ**<br>クロカワ属<br>学 名 *Boletopsis grisea* |
| | | ➔ p.047 |
| |  | **コウタケ**<br>コウタケ属<br>学 名 *Sarcodon aspratus* |
| | | ➔ p.051 |

# スッポンタケ の な か ま

| | | |
|---|---|---|
| アカカゴタケ科 |  | **サンコタケ**<br>サンコタケ属<br>学 名 *Pseudcolous*<br>　　　*schellenbergiae* |
| | | ➔ p.060 |
| スッポンタケ科 |  | **キツネノエフデ**<br>キツネノロウソク属<br>学 名 *Mutinus bambusinus* |
| | | ➔ p.041 |
| |  | **キヌガサタケ**<br>スッポンタケ属<br>学 名 *Phallus indusiatus* |
| | | ➔ p.042<br>p.118 |

## アンズタケのなかま

| | | | |
|---|---|---|---|
| アンズタケ科 |   | **アンズタケ**<br>アンズタケ属<br>学 名 *Cantharellus cibarius* | ⮕ p.015 |
| |  | **クロラッパタケ**<br>クロラッパタケ属<br>学 名 *Craterellus cornucopioides* | ⮕ p.049 |
| カノシタ科 |   | **カノシタ**<br>カノシタ属<br>学 名 *Hydnum repandum* | ⮕ p.032 |

## アカキクラゲのなかま

| | | | |
|---|---|---|---|
| アカキクラゲ科 |  | **ニカワホウキタケ**<br>ニカワホウキタケ属<br>学 名 *Calocera viscosa* | ⮕ p.097 |

## シロキクラゲのなかま

**シロキクラゲ**
シロキクラゲ属
学 名 *Tremella fuciformis*

➔ p.066

**ハナビラニカワタケ**
シロキクラゲ属
学 名 *Tremella foliacea*

➔ p.103

シロキクラゲ科

## ビョウタケのなかま

**ゴムタケ**
ゴムタケ属
学 名 *Bulgaria inquinans*

➔ p.055

ゴムタケ科

**ヘラタケ**
ヘラタケ属
学 名 *Spathularia flavida*

➔ p.116

ホテイタケ科

# チャワンタケのなかま

## 🍄ホクトきのこ総合研究所

きのこの研究・生産・販売を手がける日本唯一の「きのこ総合企業グループ」であるホクトが1983年に設立。健康志向を強める食への貢献などを目標に、きのこの新品種・改良品種及び栽培技術の研究開発、薬理効果や機能性の追求をしている。

## 🍄参考文献

『改訂版 きのこ検定公式テキスト』ホクトきのこ総合研究所監修（実業之日本社、2016年）

## 🍄写真提供

大内謙二（ホクト開発研究本部・開発研究部部長）
北條 優（琉球大学グローバル教育支援機構特命准教授）
小宮山勝司（ペンションオーナー兼キノコ写真家）

## 🍄イラスト

表紙・本文イラスト：関 和之（株式会社ウエイド）
イラスト：千坂まこ、田村浩子（株式会社ウエイド）

## 🍄表紙・本文デザイン

木下春圭
株式会社ウエイド

## 🍄編集協力

有限会社 未来工房

定価はカバーに表示

# 不思議で怪しい きのこのはなし

2021年8月18日　初版　第1刷発行

| | |
|---|---|
| 監　修 | ホクトきのこ総合研究所 |
| 発行者 | 野村　久一郎 |
| 発行所 | 株式会社　清水書院 |
| | 〒102-0072 |
| | 東京都千代田区飯田橋 3-11-6 |
| | 電話　（03）5213-7151 |
| | FAX　（03）5213-7160 |
| | http://www.shimizushoin.co.jp/ |
| 印刷所 | 株式会社　三秀舎 |